Jill Norris

Textaufgaben für jeden Tag

1. und 2. Klasse

PERSEN

Gedruckt auf umweltbewusst gefertigtem, chlorfrei gebleichtem und alterungsbeständigem Papier.

8. Auflage 2017

Illustrationen: Don Robinson
Übersetzung: Barbara Soukup-Sterl
Satz: media.design, Neumünster

ISBN 978-3-8344-**0323**-0

www.persen.de

Einleitung

Hinter Textaufgaben für jeden Tag steckt das einfache und klare Versprechen, dass häufiges und zielgerichtetes Üben zur sicheren Beherrschung der hier geübten Fertigkeiten führt.

Was finden Sie in diesem Buch?

- Das Buch gliedert sich in 36 Wochenabschnitte.

- Die Aufgaben jedes Abschnitts drehen sich jeweils um ein anderes Tier.
- Die Fakten zu den Tieren sind korrekt.

- Für jeden Tag von Montag bis Donnerstag gibt es eine Textaufgabe mit einem oder zwei Lösungsschritten.

- Der Aufgabentyp für Freitag ist umfangreicher und kann mehrere Lösungsschritte erfordern. Zu diesen Aufgaben gehören möglicherweise auch Schaubilder und Tabellen.

- Die Lösungen für jede Woche stehen auf den Seiten 114f.

- Die Übersicht auf Seite 5 zum Verhältnis Lernziel/Zeit führt die spezifischen Fertigkeiten, die geübt werden, im Einzelnen auf und zeigt, wann sie behandelt werden.

Vielfältige Möglichkeiten, die Aufgaben zu präsentieren

1. Brennen Sie die Lektionen als Overheadfolien. Jede Lektion wird als mündliche Aktivität von der ganzen Klasse bearbeitet. Schreiben Sie Lösungen und Verbesserungen mit einem wasserlöslichen Folienstift auf.
   Wenn die Klasse mit der Arbeitsweise in diesem Buch vertraut geworden ist, können die Kinder ihre Lösungen notieren und sie dann mit den Lösungen auf den Folien vergleichen.

2. Kopieren Sie die Aufgaben für jedes Kind oder für jede Gruppe, um sie selbstständig bearbeiten zu lassen. Falls die Kinder die Texte noch nicht selbst lesen können, lesen Sie sie laut vor. Die Lösungen werden in den Gruppen mithilfe einer Overheadfolie überprüft, sodass die Lösungsstrategien aufgezeigt werden können.

3. Vielleicht möchten Sie gelegentlich eine Aufgabe als Test verwenden, um den Fortschritt der einzelnen Kinder beim Erwerb der Fertigkeiten zu sehen.

Wichtige Überlegungen

1. Erlauben Sie den Kindern, die für die Lösung der Aufgaben benötigten Hilfsmittel frei zu wählen. Einige Kinder nehmen gern Rechengeräte zu Hilfe, andere wollen lieber Zeichnungen anfertigen.

2. Es ist wichtig, dass sich die Kinder über ihre Lösungen austauschen können. Wenn ihnen vielfältige Lösungstechniken vorgestellt werden, erkennen sie, dass es verschiedene Wege zu einer richtigen Lösung gibt. Geizen Sie nicht mit Zeit für die Erörterung, wie die Kinder zu den Lösungen gekommen sind.

3. Vermitteln Sie den Kindern, welche Aufgabenlösungsstrategien sie anwenden sollen:

   ▷ Lies die Aufgabe sorgfältig und öfter als einmal.
   Denk während des Lesens über sie nach.

   ▷ Unterstreiche die wichtigen Informationen im Aufgabentext.
   Welche Frage stellt die Aufgabe?
   Welche Wörter helfen dir bei der Lösung der Aufgabe (insgesamt, übrig, wie viele mehr usw.?)
   Welche Fakten (Tatsachen) helfen dir bei der Lösung der Aufgabe? (Streiche Fakten weg, die du *nicht* brauchst.)

   ▷ Überlege dir, was du tun musst, um die Aufgabe zu lösen (zusammenzählen, abziehen?).

   ▷ Löse nun die Aufgabe. Ergibt deine Lösung einen Sinn?

   ▷ Überprüfe deine Lösung.

4. Einige Aufgaben verlassen den Zahlenraum bis 20, andere auch den bis 100. Die Kinder haben teilweise sogar mit Tausendern zu tun. In der Regel handelt es sich um einfache Zahlenvergleiche (mehr/weniger), aber manchmal ist auch in Zehner- oder Hunderterschritten zu rechnen. Diese Aufgaben erkennen Sie leicht an der Markierung >20 , >100 bzw. >1000 .

Verhältnis von Lernzielen und Zeit

Woche	1	2	3	4	5	6	7	8	9	10	11	12	13	14	15	16	17	18	19	20	21	22	23	24	25	26	27	28	29	30	31	32	33	34	35	36
Additionsaufgaben	•	•	•	•	•	•	•	•	•	•	•	•	•	•	•	•	•	•	•	•	•	•	•	•	•	•	•	•	•	•	•	•	•	•	•	•
Subtraktionsaufgaben		•	•	•	•	•	•	•	•	•	•	•	•	•	•	•	•			•	•	•	•	•	•	•	•	•	•	•	•	•	•	•	•	•
Addition in Spalten	•			•	•	•	•	•	•	•				•		•	•	•	•	•	•	•	•	•	•	•	•			•	•	•		•	•	
Addition und Subtraktion zweistelliger Zahlen					•		•	•	•	•	•	•	•	•				•	•		•	•	•	•	•	•	•	•	•	•	•	•	•		•	•
Addition und Subtraktion dreistelliger Zahlen									•	•	•	•	•		•							•	•		•		•	•	•			•	•	•		•
Zahlen lesen und schreiben	•	•	•	•	•	•	•	•	•	•	•	•	•	•	•	•	•	•	•	•	•	•	•	•	•	•	•	•	•	•	•	•	•	•	•	•
Zahlwörter lesen und schreiben	•	•	•	•	•	•	•	•	•	•	•	•	•	•	•	•	•	•	•	•	•	•	•	•	•	•	•	•	•	•	•	•	•	•	•	•
in Zweier-, Fünfer- und Zehnerschritten zählen			•	•	•	•	•	•	•	•		•	•		•	•		•		•	•	•	•		•	•	•	•		•	•	•	•		•	•
Ordnungszahlen														•	•	•		•									•									
größer/kleiner/gleich	•				•	•		•				•		•	•					•		•	•		•	•	•	•	•		•			•		•
Zahlenverhältnisse		•	•	•	•	•		•	•		•	•		•	•	•	•		•	•	•	•	•	•	•	•	•	•	•	•	•	•		•	•	•
Zählen	•		•	•	•	•			•							•															•					
Eins-zu-eins-Verhältnis		•				•	•		•					•				•					•	•	•	•										
Rechenmuster				•																										•						
Brüche											•		•								•		•		•	•			•			•	•	•		
Formen					•																															
Zeit						•	•	•		•				•		•		•	•						•			•		•		•	•		•	•
Geld				•																•						•						•				
Gewicht, Länge und Rauminhalt	•	•			•			•	•		•	•	•	•	•		•		•	•		•	•	•	•	•	•	•	•	•	•	•	•	•	•	•
Schaubilder und Tabellen lesen, deuten und anfertigen	•	•	•			•		•						•	•		•		•	•			•		•	•			•		•	•				•
Strichlisten verwenden						•																				•										•

Montag - 1. Woche

Name:

Ein Seehund liegt auf einer Eisscholle.
Zwei Seehunde kommen dazu.
Wie viele Seehunde sind
es nun insgesamt?

_______ Seehunde

Dienstag - 1. Woche

Name:

Der Seehund frisst jeden Tag einen Fisch.
Wie viele Fische frisst er in vier Tagen?

_______ Fische

Mittwoch - 1. Woche

Name:

Ein Seehundbaby wiegt bei seiner Geburt etwa 10 kg.

Ein Menschenbaby wiegt etwa 4 kg.

Wer ist schwerer?

O ein Seehundbaby O ein Menschenbaby

Donnerstag - 1. Woche

Name:

Schau dir die Seehunde an.

Wie viele liegen auf der Eisscholle?

_______ Seehunde

Freitag – 1. Woche

Name:

Betrachte das Bild.

Wie viele Seehunde sind es?

Erwachsene: 

Jungtiere: 

Wie viele erwachsene Seehunde siehst du hier? ______

Wie viele Seehundjunge siehst du? ______

Welche sind mehr?

○ Erwachsene ○ Jungtiere

Wissenswertes über Seehunde

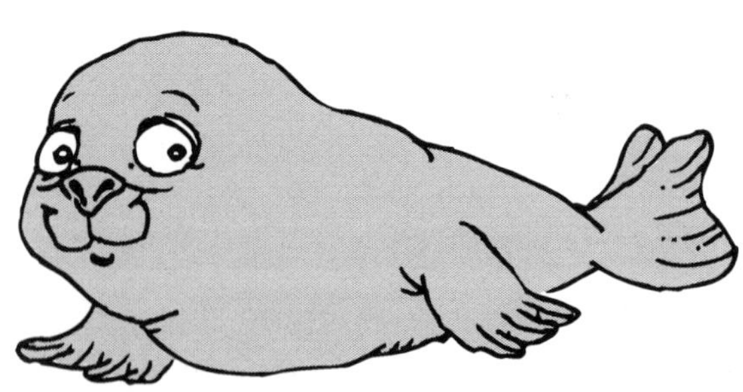

- ⇨ Ein junger Sattelseehund hat weißes Fell.
- ⇨ Sattelseehunde leben im Eis und Schnee des Südpols.

Montag - 2. Woche

Name:

Jeder Delfin schwimmt neben einem anderen Boot.

Es sind drei Boote.

Wie viele Delfine sind es?

_______ Delfine

Dienstag - 2. Woche

Name:

Ein Dögling (eine Delfinart) wiegt 450 kg.

Der gewöhnliche Delfin wiegt 70 kg.

Welcher Delfin wiegt mehr?

> 100

O der gewöhnliche Delfin   O der Dögling

Mittwoch - 2. Woche

Name:

Am Morgen bekommt der Delfin drei Fische von seinem Trainer.

Am Nachmittag bekommt er sechs Fische.

Wie viele Fische bekommt der Delfin?

_______ Fische

Donnerstag - 2. Woche

Name:

Sechs Delfine schwimmen im Wasserbecken.

Zwei springen aus dem Wasser.

Wie viele sind dann noch im Becken?

_______ Delfine sind noch im Becken.

Freitag - 2. Woche

Name:

Betrachte das Schaubild. Es zeigt dir, wie alt verschiedene Delfine sind.

Wie alt sind die Delfine?

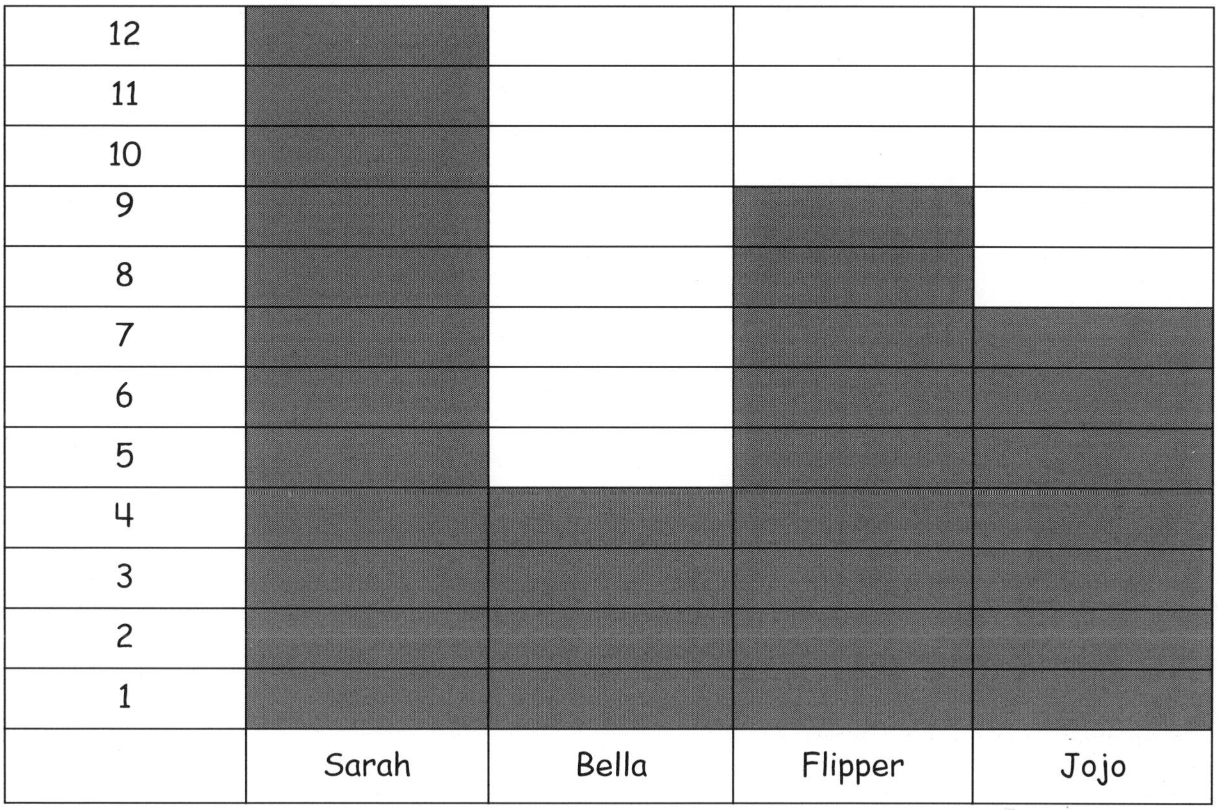

Welcher Delfin ist am ältesten? ____________________

Welcher Delfin ist am jüngsten? ____________________

Um wie viel ist Flipper älter als Jojo? ________ Jahre älter

Wissenswertes über Delfine

- ⇨ Ein Delfin taucht nach Fischen und Tintenfischen.
- ⇨ Dabei kann er mehr als 300 m in die Tiefe gehen.
- ⇨ Ein gestreifter Delfin kann über 40 Jahre alt werden.
- ⇨ Delfine werden unterschiedlich groß.
  Dögling: 3,5 m Flussdelfin: 1,5 m Weißseiten-Delfin: 2,5 m
  gewöhnlicher Delfin: 2 m gestreifter Delfin: 2,5 m

Montag – 3. Woche

Name:

Mutter Waschbär hat fünf Junge geworfen.

Drei davon sind Männchen.

Wie viele Weibchen sind in dem Wurf?

_______ Weibchen

Dienstag – 3. Woche

Name:

Die Waschbärenfamilie geht gern auf Bauer Schmidts Maisfeld.

Jede Nacht fressen sie zehn Maiskolben.

Wie viele Maiskolben fressen sie in vier Nächten?

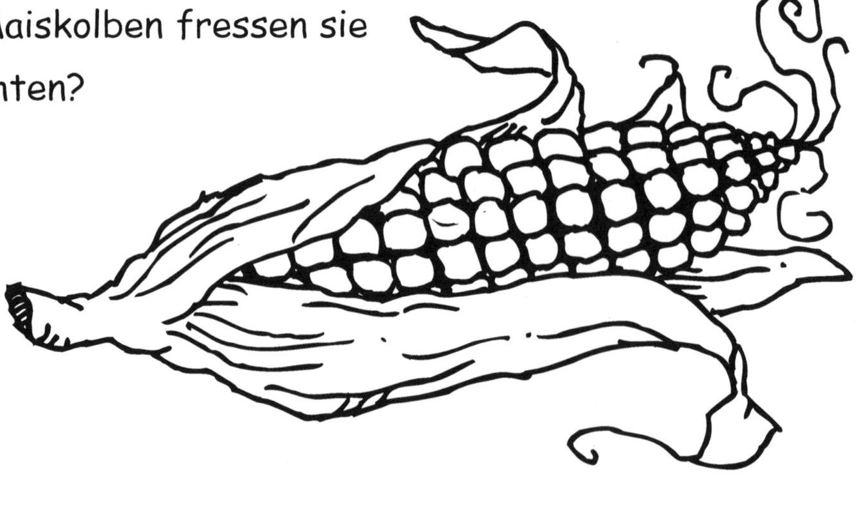

_______ Maiskolben

Mittwoch - 3. Woche

Name:

Der Schwanz dieses Waschbären hat sieben dunkle Ringe.

Wie viele helle Ringe hat er? _______ helle Ringe

Wie viele Ringe sind es insgesamt? _______ Ringe

Donnerstag - 3. Woche

Name:

Drei Waschbären treffen sich am Fluss.

Zwei andere kommen noch dazu.

Wie viele Waschbären sind es nun?

_______ Waschbären

Freitag - 3. Woche

Name:

Vater Waschbär ist ein geschickter Angler.
Eine Menge Fische hat er gefangen.
Schau dir das Bild an.

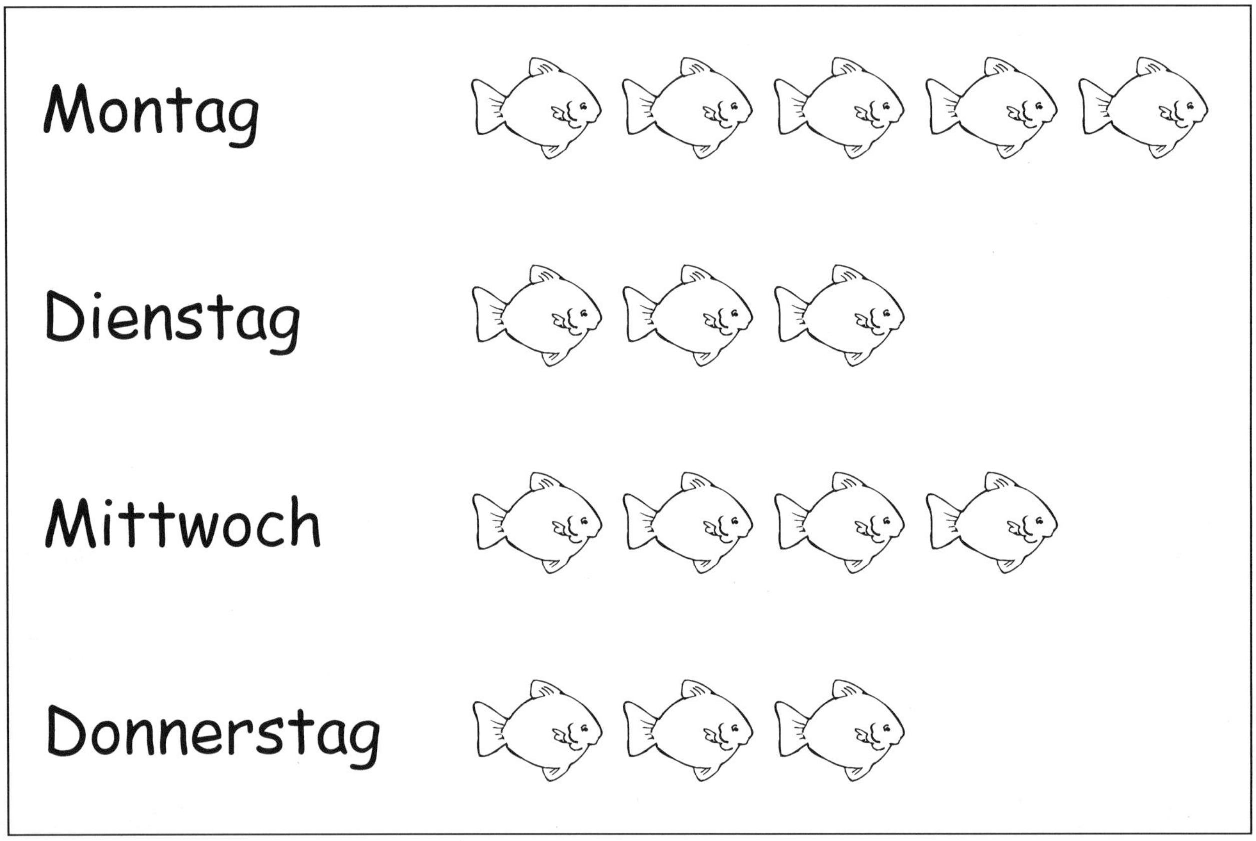

Wie viele Fische hat er insgesamt gefangen? ______ Fische

An welchem Tag hat er die meisten gefangen? ______________

Wissenswertes über Waschbären

⇨ Eine Waschbärenmutter wirft bis zu sechs Junge.
⇨ Die Neugeborenen sind sehr klein.
⇨ Erst mit sieben Wochen erkunden die Jungen ihre Umgebung.

Montag - 4. Woche

Name:

Samuel möchte sich in der Zoohandlung ein Meerschweinchen kaufen.

Es kostet 5 €.

Samuel hat 8 € dabei.

Kann er das Meerschweinchen kaufen? ○ Ja ○ Nein

Wie viel Geld bleibt ihm übrig? ______ €

Dienstag - 4. Woche

Name:

Die Meerschweinchenmutter hat fünf Junge bekommen.

Wie viele Meerschweinchen sind nun im Käfig?

______ Meerschweinchen

Mittwoch - 4. Woche

Name:

Das Meerschweinchen rennt im Laufrad immer rundherum.

Das Rad dreht in jeder Minute 5 Runden.

Wie viele Runden sind das in 3 Minuten?

_______ Runden

Donnerstag - 4. Woche

Name:

Schau dir das Meerschweinchen gut an.

Schreib auf, wie viele Körperteile es jeweils sind.

_______ Füße

_______ Schnurrhaare

_______ Ohren

_______ Augen

_______ Nase

Freitag - 4. Woche

Name:

Die Meerschweinchen sind im Käfig aufgereiht.
Nenne vier verschiedene Muster in dieser Reihe.
(Denk ans Aussehen und an die Körperhaltung.)

1. ______________________________
2. ______________________________
3. ______________________________
4. ______________________________

Wissenswertes über Meerschweinchen

- ⇨ Neugeborene Meerschweinchen können gut sehen.
- ⇨ Meerschweinchenbabys haben ein weiches, warmes Fell.
- ⇨ Meerschweinchenbabys können auch schon laufen.

Montag - 5. Woche

Name:

Die Zebraherde besteht aus zwei Fohlen,
vier Müttern und zwei Vätern.
Wie viele Zebras gehören zur Herde?

________ Zebras

Dienstag - 5. Woche

Name:

Bei den Grevyzebras wiegt ein Männchen etwa 250 kg.
Ein Weibchen wiegt etwa 217 kg.
Wer ist schwerer?

> 100

○ das Männchen ○ das Weibchen

Mittwoch - 5. Woche

Name:

Zebras wandern an einem Tag oft 10 km weit.

Sie grasen und trinken Wasser.

Wie weit wandert ein Zebra in zwei Tagen?

_______ km

Donnerstag - 5. Woche

Name:

Der Zoo hat eine Herde mit 10 Zebras.

Wenn zwei Fohlen geboren werden,

wie viele Zebras gehören dann zur Herde?

_______ Zebras

Freitag - 5. Woche

Name:

Welches Zebra ist gemeint?

Mach ein Kreuz in den richtigen Kreis.

Hinweise:

1. Das Zebra hat auf beiden Ohren vier schwarze Streifen.
2. Das Zebra hat ein Dreieck auf der Nase.
3. Das Zebra hat eine schwarze Mähne.

Wissenswertes über Zebras

⇨ Zebraherden streifen durch die afrikanischen Savannen (ebenes, trockenes Grasland mit einzelnen Bäumen).

⇨ Zebras fressen hauptsächlich Gras, manchmal auch Blätter und Baumrinde.

Montag - 6. Woche

Name:

Die Katzenmutter hat sechs Kätzchen.
Wie viele Kätzchen bleiben übrig,
wenn fünf zu neuen Besitzern kommen?

_______ Kätzchen

Dienstag - 6. Woche

Name:

Julias Katze frisst am Tag eine Dose Katzenfutter.
Wie viele Dosen frisst sie in der Woche?

_______ Dosen

Mittwoch - 6. Woche

Name:

Miezi hat Kätzchen bekommen.

- Eins ist schwarz.
- Zwei sind getigert.
- Zwei sind goldbraun.

Wie viele Kätzchen hat Miezi bekommen?

_______ Kätzchen

Donnerstag - 6. Woche

Name:

An jeder Vorderpfote hat eine Katze fünf Krallen.

An jeder Hinterpfote hat sie vier Krallen.

Wie viele Krallen hat eine Katze insgesamt?

Eine Katze hat insgesamt _______ Krallen.

Zwei Katzen haben _______ Krallen.

Freitag - 6. Woche

Name:

Die Tierhandlung führt eine Strichliste über die Zahl der verkauften Kätzchen. Schau dir das Bild an.

In diesem Monat verkaufte Kätzchen

1. Woche: ~~||||~~

2. Woche: ||

3. Woche: |||

4. Woche: ~~||||~~ |

Wie viele Kätzchen wurden in diesem Monat verkauft? ______ Kätzchen

In welcher Woche wurden die meisten Kätzchen verkauft?

In der ______ Woche

Wissenswertes über Kätzchen

- ⇨ Eine Katzenzunge ist rau wie Sandpapier.
- ⇨ Eine Katze verwendet ihre Zunge als Kamm zur Fellpflege.
- ⇨ Eine Katze leckt zuerst eine Pfote und putzt sich dann damit hinter den Ohren.

Montag - 7. Woche

Name:

Vor jeder Maus liegen zwei Stücke Käse.
Wenn es vier Mäuse wären,
wie viele Stücke Käse lägen dann hier?

________ Stücke

Dienstag - 7. Woche

Name:

Tobias fängt zwei Wochen lang
jeden Tag eine Maus mit der Falle.
Wie viele Mäuse fängt er insgesamt?

________ Mäuse

Mittwoch - 7. Woche

Name:

Mutter Maus, Vater Maus und acht kleine Mäuse leben in einem Baum.
Drei der Mäuse ziehen in eine neue Wohnung im Heuhaufen um.
Wie viele Mäuse bleiben übrig?

_______ Mäuse

Donnerstag - 7. Woche

Name:

Im Käfig sind vier Mäuse.
Wie viele Ohren sind im Käfig?
Wie viele Schwänze?
Wie viele Beine?

_______ Ohren
_______ Schwänze
_______ Beine

Freitag – 7. Woche

Name:

Die Mäusemutter wirft zehnmal im Jahr.

> 20

In jedem Wurf sind fünf Junge.

Wie viele Junge hat sie in einem Jahr?

Wie viele Junge kann die Mäusemutter in zwei Jahren bekommen?

________ Junge in einem Jahr

________ Junge in zwei Jahren

Wissenswertes über Mäuse

⇨ Manchmal schlüpft ein Mäusebaby aus dem Nest.

⇨ Die Mäusemutter findet es.

⇨ Sie trägt es in der Schnauze zurück zum Nest.

Montag - 8. Woche

Name:

Das Eichhörnchen sammelt Nüsse und Samen.
Es hat drei Eicheln, fünf Walnüsse
und zwei Haselnüsse gefunden.
Wie viele Nüsse und Samen
hat es insgesamt gefunden?

_______ Nüsse und Samen

Dienstag - 8. Woche

Name:

Ein neugeborenes Eichhörnchen wiegt ungefähr so viel wie zwei 20-Cent-Münzen.
Vier Eichhörnchenbabys sind im Nest.
Wie viel wiegen sie alle zusammen?

= 1 Eichhörnchenbaby

Sie wiegen so viel wie:

○ 2 Münzen ○ 8 Münzen
○ 4 Münzen ○ 10 Münzen

Mittwoch - 8. Woche

Name:

Auf dem Ast sitzen zehn Eichhörnchen.

Eins rennt den Baumstamm hinunter

und drei huschen in ihr Nest.

Wie viele sitzen noch auf dem Ast?

_______ Eichhörnchen

Donnerstag - 8. Woche

Name:

Das Eichhörnchenbaby braucht alle zwei Stunden etwas zum Fressen.

Wie oft frisst es in 12 Stunden?

________-mal

Freitag - 8 Woche

Name:

Betrachte das Schaubild und beantworte mit seiner Hilfe die drei Fragen:

> 20

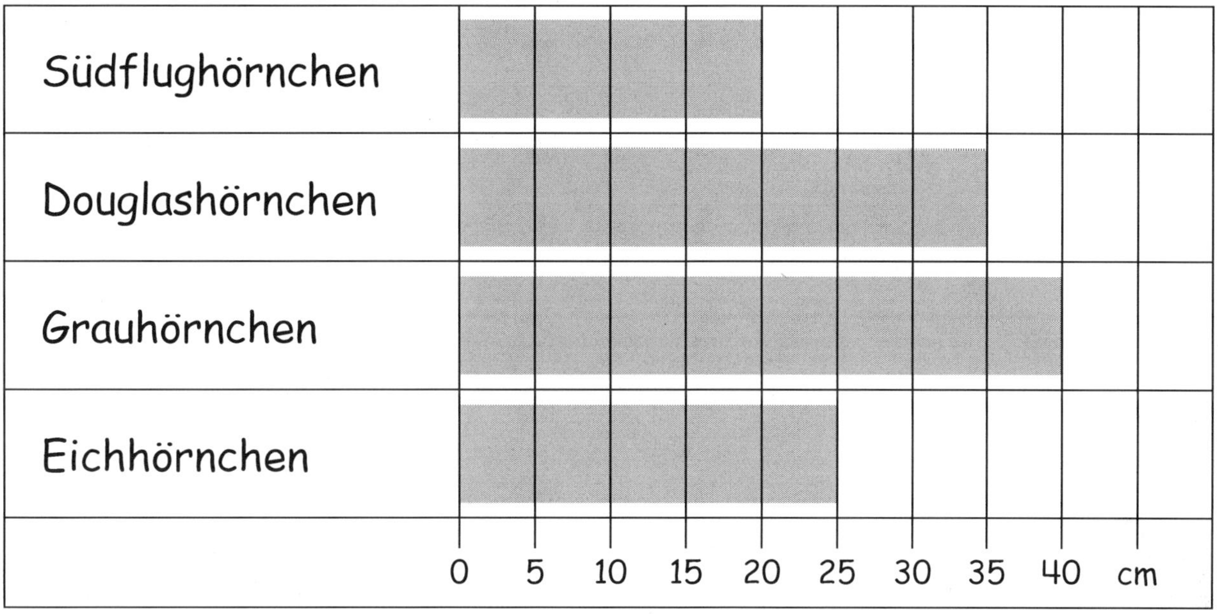

Um wie viel größer ist das Grauhörnchen als das Eichhörnchen? ________ cm

Um wie viel größer ist das Douglashörnchen als das Südflughörnchen? ________ cm

Um wie viel ist das größte Hörnchen größer als das kleinste Hörnchen? ________ cm

Wissenswertes über Eichhörnchen

- ⇨ Ein neugeborenes Eichhörnchen ist blind und fast haarlos.
- ⇨ Ein Eichhörnchenbaby kann sich allein keine Nahrung beschaffen; es ist ganz von seiner Mutter abhängig.

Montag - 9. Woche

Name:

Drei Ferkel rennen aus dem Wald.

Sechs Ferkel kommen hinterher.

Wie viele sind es insgesamt?

_______ Ferkel

Dienstag - 9. Woche

Name:

Das Zwergschwein misst ungefähr 80 cm.

Das Riesenwaldschwein misst 160 cm.

Wie viel größer ist das Riesenwaldschwein?

> 20

_______ cm größer

Mittwoch – 9. Woche

Name:

Das Riesenwaldschwein wiegt etwa 240 kg.

Das Zwergschwein wiegt etwa 10 kg.

Wie viel weniger wiegt das Zwergschwein?

> 100

_______ kg weniger.

Donnerstag – 9. Woche

Name:

In der Waldlichtung halten sich sechs Warzenschweine auf.

Ein Warzenschwein hat zwei Hauer.

Wie viele Hauer haben alle sechs Schweine zusammen?

_______ Hauer

Freitag – 9. Woche

Name:

Im Kino sehen wir auf der Leinwand eine Horde Wildschweine vorbeilaufen. Die Horde besteht aus sechs Männchen, sieben Weibchen und zwei Frischlingen.
Wie viele Wildschweine gehören zur Horde?

_______ Wildschweine

Wissenswertes über Wildschweine

- ⇨ Die Jungtiere der Wildschweine heißen Frischlinge.
- ⇨ Die Frischlinge werden mit offenen Augen geboren.
- ⇨ Ihr Kittel hat kleine Babyborsten.
- ⇨ Sie sind gestreift, um sich besser im Unterholz verstecken zu können.

Montag - 10. Woche

Name:

Die Bergführer nehmen vier Lamas mit, die alle Vorräte tragen sollen.

> 100

Jedes Lama kann 50 kg tragen.

Wie schwer sind alle Vorräte zusammen?

_______ kg

Dienstag - 10. Woche

Name:

Ein Führer besitzt elf Lamas.

Sieben Lamas sind gerade im Einsatz.

Wie viele bleiben übrig?

_______ Lamas

Mittwoch - 10. Woche

Name:

Susanna bringt ihrem Lama bei,
einen Wagen zu ziehen.
Sie macht vier Fahrten
zum Wochenmarkt.
Auf jeder Fahrt hat sie
vier Säcke Mais geladen.
Wie viele Säcke Mais fährt
sie insgesamt zum Markt?

_______ Säcke

Donnerstag - 10. Woche

Name:

Auf der Weide stehen:
- drei weiße Lamas
- vier rote Lamas,
- zwei braune Lamas und
- ein geflecktes Lama.

Wie viele Lamas sind es insgesamt?

_______ Lamas

Freitag - 10. Woche

Name:

Ein Lama frisst jede Woche einen Ballen Heu.
Wie viele Ballen fressen fünf Lamas in drei Wochen?

_______ Heuballen

Wissenswertes über Lamas

- ⇨ Lamababys haben sehr lange Beine.
- ⇨ Ein Jungtier kann kurz nach seiner Geburt gehen und laufen.
- ⇨ Es bleibt auf der Suche nach einem Weideplatz immer in der Nähe seiner Mutter.

Montag - 11. Woche

Name:

Schimpansen leben in der Wildnis etwa 40 Jahre.

> 20

In Zoos leben sie ungefähr 50 Jahre.

Wie viel länger leben sie in Zoos?

_______ Jahre länger

Dienstag - 11. Woche

Name:

Schimpansen leben in Trupps zusammen.

Ein Trupp hat acht Mitglieder und

ein anderer Trupp hat neun.

Wie viele Schimpansen leben in beiden Trupps?

_______ Schimpansen

Mittwoch – 11. Woche

Name:

Ein Schimpanse steckt einen Stock in einen Termitenhaufen.
15 Termiten rennen den Stock hoch.
Wenn der Schimpanse sieben Termiten frisst,
wie viele bleiben dann übrig?

_______ Termiten

Donnerstag – 11. Woche

Name:

Ein Schimpansenmännchen wiegt 70 kg.
Wie viel wiegen zwei Schimpansenmännchen?

> 100

_______ kg

Freitag - 11. Woche

Name:

Dieser Schimpanse ist 100 cm groß.

Wenn er seine Arme seitlich ausstreckt,

ist seine Spannweite $1\frac{1}{2}$ Mal so groß wie seine Körpergröße.

Welche Spannweite hat der Schimpanse?

> 100

_______ cm

Wissenswertes über Schimpansen

- ⇨ Ein Schimpansenbaby hat kräftige Arme.
- ⇨ Es klammert sich am Fell seiner Mutter fest.
- ⇨ Ein Schimpansenjunges wird mit offenen Augen und langhaarigem Fell geboren.

Montag - 12. Woche

Name:

Auf der Eisscholle sitzen acht Eisbären.

Zwei tauchen ins Wasser hinab.

Wie viele sitzen noch auf der Scholle?

_______ Eisbären

Dienstag - 12. Woche

Name:

Ein männlicher Eisbär wiegt etwa 400 kg.

Ein Weibchen wiegt ungefähr 250 kg.

Wer wiegt mehr?

> 100

○ das Männchen ○ das Weibchen

Wie viel mehr? _______ kg mehr

Mittwoch - 12. Woche

Name:

Ein Eisbär hat an jeder Tatze fünf scharfe, gekrümmte Krallen.

Wie viele Krallen haben zwei Eisbären?

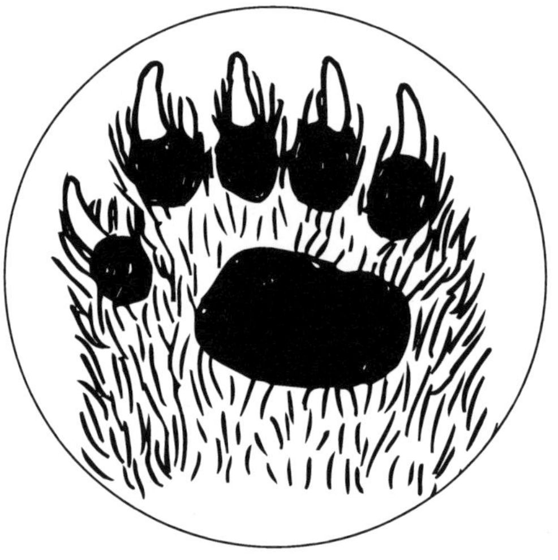

_______ Krallen

Donnerstag - 12. Woche

Name:

Die Tatze eines Eisbären ist 30 cm breit.

Sein Schwanz ist etwa 13 cm lang.

> 20

Was ist mehr?
- O die Länge des Schwanzes
- O die Breite der Tatze

Was ist mehr?
- O die Länge von 2 Schwänzen
- O die Breite der Tatze

Was ist mehr?
- O die Länge von 3 Schwänzen
- O die Breite der Tatze

Freitag - 12. Woche

Name:

Erwachsene Eisbären haben 42 Zähne.
Erwachsene Menschen haben 32 Zähne.
Wie viele Zähne mehr haben Eisbären?

> 20

_______ Zähne mehr

Wissenswertes über Eisbären

⇨ Ein Eisbärenjunges öffnet erst nach 33 Tagen die Augen.

⇨ Sein Gehör entwickelt sich erst nach 68 Tagen.

⇨ Ein Junges lernt erst im Alter von sieben Wochen zu laufen.

Montag - 13. Woche

Name:

Der chinesische Alligator misst $2\frac{1}{2}$ m.

Der amerikanische Alligator misst 6 m.

Wie viel mehr misst der amerikanische Alligator?

chinesischer Alligator

Hinweis: Zeichne einen Zahlenstrahl, um die Antwort herauszufinden.

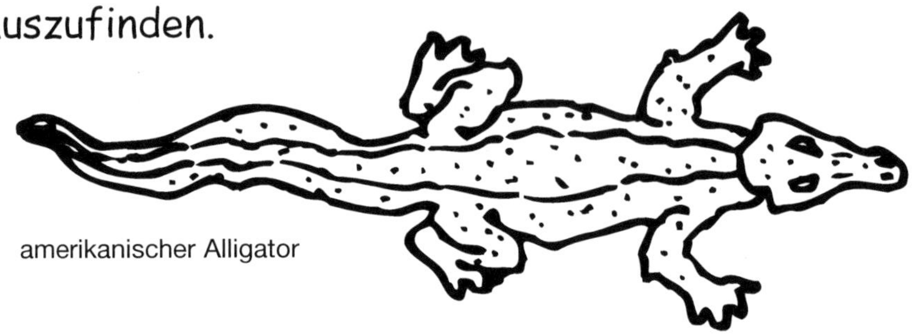

amerikanischer Alligator

Der amerikanische Alligator misst ______ m mehr als der chinesische.

Dienstag - 13. Woche

Name:

Alligatorenmütter bleiben in der Nähe ihrer Nester.

> 20

In einem Nest liegen 30 Eier, in einem anderen 50.

Wie viele Eier sind das insgesamt?

________ Eier

Mittwoch - 13. Woche

Name:

Die Tierforscher zählen 16 Alligatoren am Ufer.
Sechs davon gleiten ins Sumpfwasser.
Wie viele Alligatoren bleiben am Ufer zurück?

_______ Alligatoren

Donnerstag - 13. Woche

Name:

Der Schwanz eines Alligators macht die Hälfte seiner Länge aus.

Wenn ein Alligator 4 m misst,
wie lang ist dann sein Schwanz? _______ m

Wenn ein Alligator 10 m misst,
wie lang ist dann sein Schwanz? _______ m

Freitag - 13. Woche

Name:

Die Alligatorenmutter kann drei ihrer Kinder auf einmal zum Wasser tragen.
Wie oft muss sie hin- und herkriechen, um ihre 30 Kinder zum Wasser zu bringen?

> 20

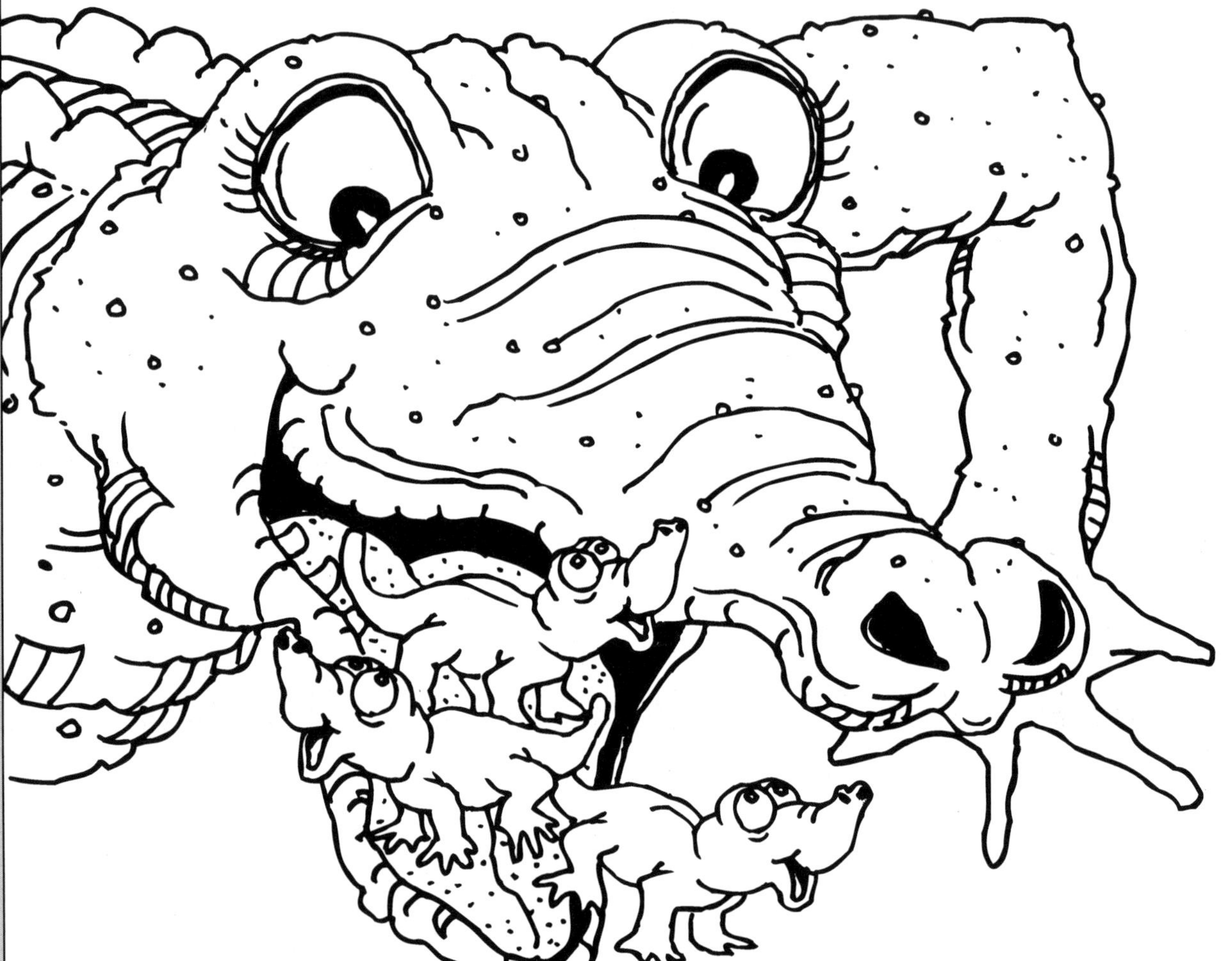

________-mal

Wissenswertes über Alligatoren

- ⇨ Die Alligatorenmutter trägt ihre Kinder zum Wasser.
- ⇨ Sie kann dabei einige auf einmal in den Rachen nehmen.
- ⇨ Sie wäscht ihre Kinder, bevor sie gehen dürfen.

Montag - 14. Woche

Name:

Auf dem ersten Baum sitzen 2 Koalamütter.

Auf dem zweiten Baum sitzt eine Koalamutter.

Jede Koalamutter hat ein Junges.

Wie viele Koalas sitzen auf jedem Baum?

_______ Koalas auf dem 1. Baum

_______ Koalas auf dem 2. Baum

Wie viele sind das insgesamt? _______ Koalas

Dienstag - 14. Woche

Name:

In der Wildnis wird ein Koala 14 Jahre alt.

Wie viele Jahre lebt ein 2 Jahre alter Koala wahrscheinlich noch?

_______ Jahre

Mittwoch - 14. Woche

Name:

Koalas schlafen etwa
14 Stunden am Tag.
Wie viele Stunden sind sie wach?

_______ Stunden

Donnerstag - 14. Woche

Name:

Am Morgen frisst der Koala 20 Eukalyptusblätter.
Am Abend frisst er 30 Eukalyptusblätter.
Wie viele Blätter frisst er insgesamt?

> 20

_______ Blätter

Freitag - 14. Woche

Name:

Schau dir zunächst das Bild an. Beantworte dann die Fragen.

Koalas im Wildreservat

Koalamännchen

Koalaweibchen

Koalakinder

Wovon gibt es im Reservat mehr? ○ Weibchen ○ Männchen

Wie viele mehr sind es? _______ mehr

Wovon gibt es im Reservat mehr? ○ Kinder ○ Männchen

Wie viele mehr sind es? _______ mehr

Wie viele Koalas leben insgesamt im Reservat? _______ Koalas

Wissenswertes über Koalas

⇨ Koalas leben auf Eukalyptusbäumen in Australien.
⇨ Koalas sind eigentlich keine Bären.
⇨ Koalas sind Beuteltiere.
⇨ Ein Beuteltier trägt seine Jungen in einem Beutel auf dem Bauch.

Montag - 15. Woche

Name:

Thomas ist 1 m groß.
Ein afrikanischer Elefant ist $3\frac{1}{2}$ m groß.
Wie viel größer ist der afrikanische Elefant?

________ m größer

Dienstag - 15. Woche

Name:

Eine afrikanische Elefantenkuh wiegt 3.025 kg (das sind gut 3 Tonnen).
Thomas wiegt 25 kg.
Wie viel mehr wiegt die Elefantenkuh?

> 1000

________ kg mehr

Mittwoch - 15. Woche

Name:

In der einen Elefantenherde leben 10 Kühe und 7 Jungtiere.
In einer anderen Herde leben 9 Kühe und 5 Jungtiere.
Wie viele Elefanten gehören zu jeder Herde?

_______ Elefanten in der 1. Herde

_______ Elefanten in der 2. Herde

Donnerstag - 15. Woche

Name:

Ein Elefant saugt auf einmal 3 kleine Eimer voll Wasser in seinen Rüssel.
In jeden kleinen Eimer passen 12 Tassen.

Ein Elefantenrüssel fasst mehr als 10 Tassen Wasser. ○ Ja ○ Nein

Ein Elefantenrüssel fasst mehr als 20 Tassen Wasser. ○ Ja ○ Nein

Freitag – 15. Woche

Name:

Indische Elefanten können einen tiefen Laut erzeugen, der von anderen Elefanten im Umkreis von 15 km gehört werden kann.

Schau dir die Karte an und bestimmte mithilfe der Legende, wie weit es zu jedem Elefanten ist.

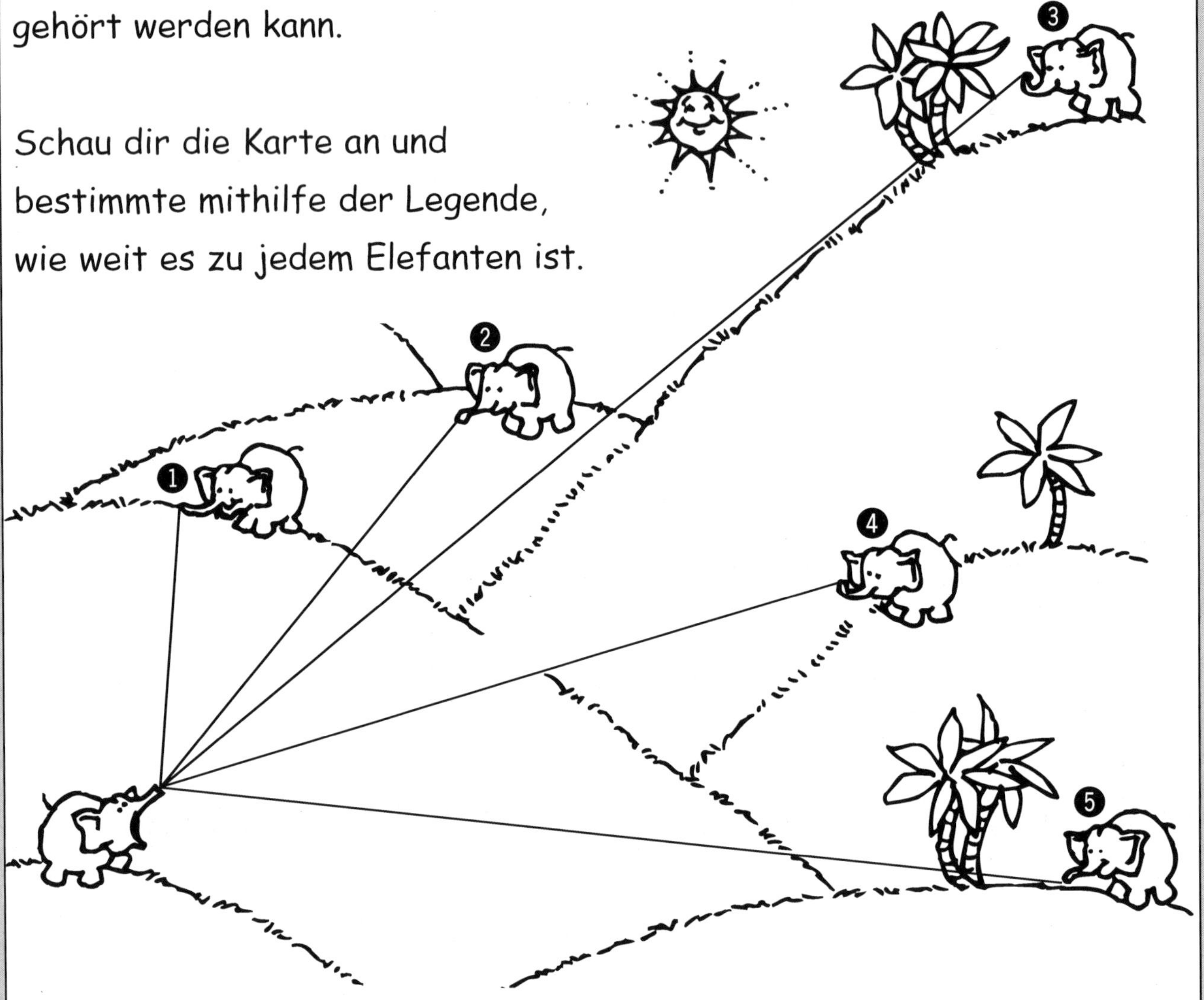

Mach einen Kreis um die Elefanten, die den Ruf des anderen hören.

—— = 1 km

Wissenswertes über Elefanten

- ⇨ Elefanten reißen mit ihrem Rüssel Blätter und Zweige von Bäumen ab.
- ⇨ Mit dem Rüssel können sie auch riechen.
- ⇨ Außerdem können sie mit ihm Wasser in ihr Maul und über ihren Rücken spritzen.
- ⇨ Ihr Rüssel dient ihnen sogar als Trompete.

Montag - 16. Woche

Name:

Ordne die Kamele nach der Größe.

> 100

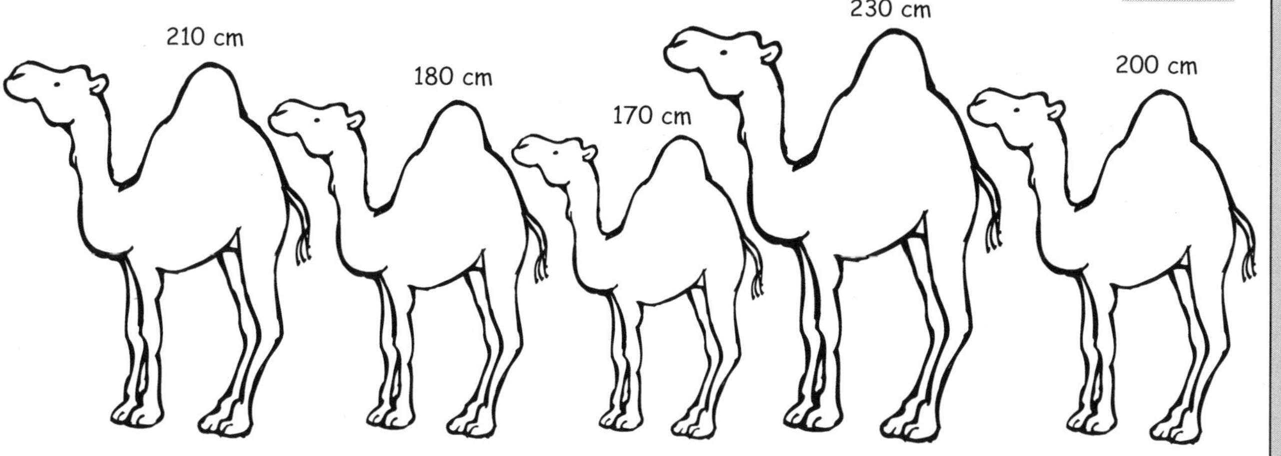

Schreib die Zahlen der Größe nach auf.

größtes Kamel | | | | | | kleinstes Kamel

Dienstag - 16. Woche

Name:

Ein Kamel kann in nur 10 Minuten über 100 Liter trinken.

Wie viel kann ein Kamel in einer Minute mindestens trinken?

> 20

Tipp: Zähl in Zehnerschritten.
So findest du heraus, wie viele
Zehner in 100 stecken.

_______ Liter

Mittwoch – 16. Woche

Name:

Ein Kamel kommt 10 Monate lang ohne Wasser aus!

Januar	Februar	März	April	Mai	Juni	Juli	August	September	Oktober	November	Dezember

Ein Kamel trinkt im Januar.
Wann braucht es spätestens das nächste Mal Wasser? ____________

Ein Kamel trinkt im März.
Wann braucht es spätestens das nächste Mal Wasser? ____________

Tipp: Zähl die Monatsnamen oben einfach ab.

Donnerstag – 16. Woche

Name:

Trampeltiere haben zwei Höcker.

Dromedare haben nur einen Höcker.

Wie viele Höcker haben vier Trampeltiere und sechs Dromedare zusammen?

Trampeltier

Dromedar

_______ Höcker

Freitag - 16. Woche

Name:

Ein Kamel frisst immer nur ein paar Blätter von einer Pflanze, damit die Pflanze weiterwachsen kann.

Wie viele Blätter bleiben an jedem Zweig übrig, wenn das Kamel immer nur drei Blätter abfrisst?

_______ Blätter

_______ Blätter

_______ Blätter

_______ Blätter

Wissenswertes über Kamele

⇨ Die Füße eines Kamels sind wie geschaffen dafür, auf dem Sand zu gehen.
⇨ Jeder Fuß hat zwei große Zehen.
⇨ Die Zehen spreizen sich beim Gehen auseinander, damit das Kamel nicht im Sand einsinkt.

Montag - 17. Woche

Name:

Die Fuchsmutter und ihre fünf Welpen sind im Fuchsbau.

Zwei Welpen rennen nach draußen.

Wie viele Füchse sind nun noch im Bau?

_______ Füchse

Dienstag - 17. Woche

Name:

Der Polarfuchs hat schneeweißes Fell.

> 20

Er kann gut $\frac{1}{2}$ m hoch springen.

Wie viele cm sind das?

_______ cm

Mittwoch - 17. Woche

Name:

Mutter und Vater Fuchs bringen ihren vier Welpen das Jagen bei.

Jeder Welpe fängt zwei Mäuse.

Mutter und Vater Fuchs fangen jeder drei Mäuse.

Wie viele Mäuse fangen alle Füchse zusammen?

_______ Mäuse

Donnerstag - 17. Woche

Name:

Ein kleiner Polarfuchs wiegt etwas mehr als 2 kg.

Ein großer Polarfuchs wiegt ungefähr 5 kg.

Wie groß ist der Gewichtsunterschied?

_______ kg

Freitag – 17. Woche

Name:

Welches Fressen gehört mir?

Schreib die Namen der Füchse zu den richtigen Tellern.

Frank Fiona Felix Flo

Lösungshinweise:

1. Frank und Fiona haben beide je einen Käfer gefangen.
2. Felix und Frank haben jeweils ein Tier gefangen, das kein anderer erwischt hat.
3. Flo hat zwei gleiche Tiere gefangen.

Wissenswertes über Füchse

⇨ Ein Fuchs hat sehr empfindliche Ohren.

⇨ Er kann hören, wie sich ein Wurm am anderen Ende eines Feldes bewegt.

⇨ Ein Fuchs frisst so gut wie alles – von Würmern über kleine Säugetiere bis zu Krebsen.

Montag - 18. Woche

Name:

Fünf Kühe stehen hintereinander.

> 20

Sie sollen der Reihe nach gemolken werden.

Die Melkmaschine braucht für jede Kuh 10 Minuten.

Wie lange muss die fünfte Kuh warten, bis sie an der Reihe ist?

_______ Minuten

Dienstag - 18. Woche

Name:

Alma gibt jeden Tag einen Eimer voll Milch.

> 20

Wie viel Milch gibt Alma pro Woche? _______________ Eimer

Wie viel in zwei Wochen? _______________ Eimer

Wie viel in drei Wochen? _______________ Eimer

Mittwoch - 18. Woche

Name:

Vier Kühe warten auf der Weide.
Sieben Kühe warten im Stall.
Zwei Kühe warten
vor der Scheune.
Wie viele Kühe
warten insgesamt?

_______ Kühe

Donnerstag - 18. Woche

Name:

Jede Kuh von Bauer Wimmer hat ein Kalb.
Wenn der Bauer 20 Kühe hat,
wie viele Kälber hat er dann?
Wie viele Rinder hat er insgesamt?

_______ Kälber

_______ Rinder

Freitag - 18. Woche

Name:

Das Gebiss von Kühen sieht ganz anders aus als die unseren. Oben in der Mitte haben sie statt Zähnen ein strapazierfähiges Hautpolster. Unten in der Mitte haben sie 8 Schneidezähne und an jeder Seite oben und unten jeweils 6 kräftige Backenzähne, mit denen sie ihr Futter zerreiben.

Wie viele Zähne hat eine Kuh?

_______ Zähne

Wissenswertes über Kühe

- ⇨ Das Futter einer Kuh kommt aus dem Magen wieder hoch und wird wiedergekäut.
- ⇨ So können Kühe Gras leichter verdauen.
- ⇨ Eine Kuh verbringt viel Zeit mit Fressen – bis zu 8 Stunden am Tag.

Montag - 19. Woche

Name:

Das Dreifinger-Faultier
hat an jedem Vorderfuß drei Krallen.
An jedem Hinterfuß hat es fünf Krallen.

Wie viele Krallen
hat ein Dreifinger-Faultier?

_______ Krallen

Dienstag - 19. Woche

Name:

Das Zweifinger-Faultier
hat zwei Krallen an jedem Vorderfuß.
An jedem Hinterfuß hat es drei Krallen.

Wie viele Krallen
hat ein Zweifinger-Faultier?

_______ Krallen

Mittwoch - 19. Woche

Name:

Faultiere schlafen ungefähr 15 Stunden am Tag.

> 20

Wie viele Stunden schläft ein Faultier in zwei Tagen? _______ Stunden

Und in drei Tagen? _______ Stunden

Donnerstag - 19. Woche

Name:

Im Fell des Faultiers leben 7 Motten und 5 Käfer.

Wie viele Insekten wohnen auf dem Faultier?

_______ Insekten

Freitag – 19. Woche

Name:

Schreib die Namen dieser Tiere der Größe nach auf – das größte zuerst, das kleinste zuletzt.

> 100

Faultier	Elefant	Kuh

60 cm	240 cm	150 cm
Alligator	Maus	Das größte Tier
		____________ ____________ ____________ ____________ ____________
120 cm	7 cm	Das kleinste Tier

Wissenswertes über Faultiere

- ⇨ Die meiste Zeit verbringen Faultiere damit, mit dem Kopf nach unten an Bäumen zu hängen.
- ⇨ Sie leben in den Regenwäldern Südamerikas.
- ⇨ Sie reinigen ihr Fell nicht; daher entwickelt es eine grüne Schleimschicht.

Montag - 20. Woche

Name:

16 Walrosse liegen auf dem Eis.

Drei kommen noch dazu.

Wie viele Walrosse liegen nun auf dem Eis?

_______ Walrosse

Dienstag - 20. Woche

Name:

Das Walross findet zwölf Venusmuscheln.

Wenn es fünf davon auffrisst,

wie viele bleiben dann übrig?

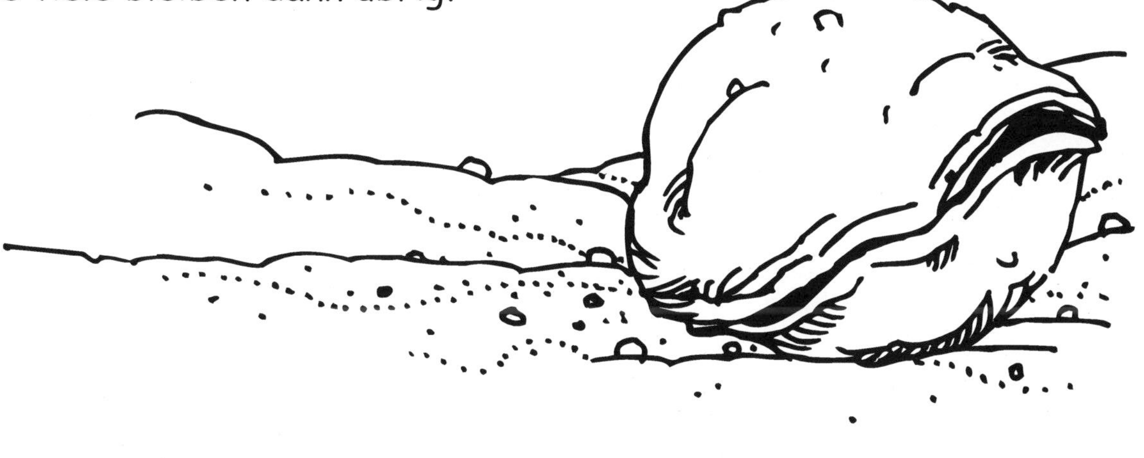

_______ Venusmuscheln

Mittwoch - 20. Woche

Name:

Ein junges Walross hat 25 Barthaare in einer Reihe.

Es hat 4 Reihen Barthaare.

Wie viele Barthaare sind es?

> 20

_______ Barthaare

Donnerstag - 20. Woche

Name:

Ein Walross kann 90 Meter tief tauchen.

> 20

Sind 90 Meter mehr als deine Körpergröße? ○ Ja ○ Nein

Sind 90 Meter mehr als die Körpergröße deines Lehrers? ○ Ja ○ Nein

Sind sie mehr als die Höhe deines Klassenzimmers? ○ Ja ○ Nein

Sind sie mehr als die Höhe des Schulgebäudes? ○ Ja ○ Nein

Freitag - 20. Woche

Name:

Auf dem Strand liegt eine Gruppe von 10 Walrossen.
Wie viele verschiedene Zusammenstellungen von erwachsenen Tieren und Jungtieren kann es geben?

 erwachsene Tiere	 Jungtiere

Wissenswertes über Walrosse

- ⇨ Ein Walross kann bis zu 700 Barthaare auf der Schnauze haben.
- ⇨ Wenn ein Walross aus dem Wasser auf das Eis klettert, nimmt es seine großen Stoßzähne zu Hilfe.
- ⇨ Mit den Stoßzähnen verankert es sich auch auf dem Meeresboden, während es nach Venusmuscheln gräbt.
- ⇨ Es kann aus dem Maul kraftvolle Wasserfontänen spritzen.
- ⇨ Diese Wasserfontänen wühlen den Schlamm auf und legen Muscheln frei.

Montag - 21. Woche

Name:

Seeottermännchen wiegen etwa 30 kg.

Seeotterweibchen wiegen nur etwa 20 kg.

Wie viel mehr wiegen Männchen?

> 20

_______ kg mehr

Dienstag - 21. Woche

Name:

Seeotter schwimmen in einer Stunde etwa $2\frac{1}{2}$ km.

Wie viele km schwimmen sie in 2 Stunden?

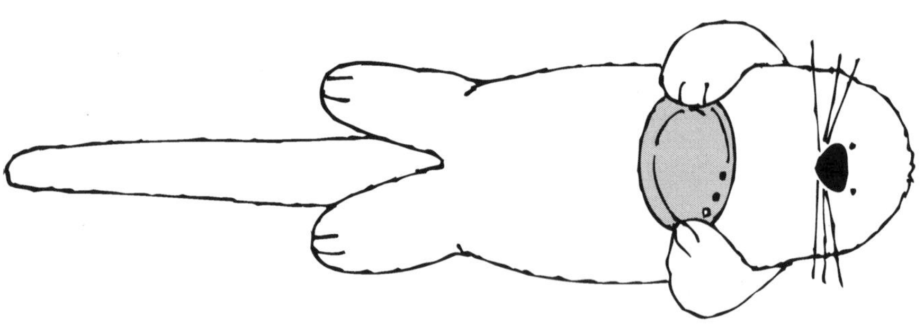

_______ km

Mittwoch - 21. Woche

Name:

Der Seeotter frisst fünf Venusmuscheln,
zwei Schnecken und vier Abalonen (Seeohren).
Wie viele Lebewesen frisst er insgesamt?

_______ Lebewesen

Donnerstag - 21. Woche

Name:

Der Seeotter lebt in 5 Grad Celsius kaltem Wasser.
In vielen Schwimmbecken hat das Wasser 30 Grad Celsius.
Wie viel kühler ist das Meerwasser?

_______ Grad kühler

Freitag - 21. Woche

Name:

Seeotter müssen jeden Tag ein Viertel ihres Körpergewichts fressen, um am Leben zu bleiben.

Wie viel Futter muss ein Seeotter, der 20 kg wiegt, täglich fressen?

_______ kg

Wissenswertes über Seeotter

- ⇨ Beim Fressen treiben Seeotter auf dem Rücken liegend im Wasser.
- ⇨ Dabei dient ihnen ihre Brust als Tisch. Oft haben sie auch einen flachen Stein auf der Brust liegen, wie einen Teller.
- ⇨ Sie schlagen Venusmuscheln und Krabben auf den Stein, um sie aufzubrechen.

Montag - 22. Woche

Name:

Die Stacheln des gewöhnlichen Stachelschweins sind etwa 30 cm lang.
Die Stacheln des nordamerikanischen Stachelschweins sind etwa 15 cm lang.
Welches Stachelschwein hat die längeren Stacheln?

> 20

O das gewöhnliche Stachelschwein

O das nordamerikanische Stachelschwein

Wie viel länger sind die Stacheln? ______ cm länger

Dienstag - 22. Woche

Name:

Stachelschweine sind Nagetiere.
Sie haben zwei lange, scharfe Vorderzähne zum Nagen.
Wie viele Nagezähne haben vier Stachelschweine?

______ Nagezähne

Mittwoch - 22. Woche

Name:

Das Stachelschwein frisst:

- zwei Löwenzahnblätter
- vier Kleeblätter
- zwei Rosenblätter und
- sechs Stechapfelblätter

Wie viele Blätter frisst es insgesamt?

________ Blätter

Donnerstag - 22. Woche

Name:

Das Stachelschwein ist Kanadas zweitgrößtes Nagetier.
Ein Stachelschweinmännchen wiegt etwa 6 kg.
Ein Bibermännchen wiegt etwa 16 kg.
Wie viel mehr wiegt ein Biber?

________ kg mehr

Freitag - 22. Woche

Name:

Stachelschweine haben um die 30.000 Stacheln.

Wenn ein Stachelschwein 1.000 davon verlöre,

wie viele würden ihm noch übrig bleiben?

> 1000

_______ Stacheln

Wissenswertes über Stachelschweine

- ⇨ Stachelschweine werden mit Stoppeln geboren.
- ⇨ Die Stoppeln verhärten sich innerhalb weniger Stunden zu Stacheln.
- ⇨ Wenn sich ein Stachelschwein in Gefahr fühlt, rasselt es mit seinen Stacheln und grunzt.
- ⇨ Wenn diese Drohgesten nichts nützen, dreht es sich um und nähert sich rückwärts, Stacheln voran, seinem Feind.
- ⇨ Verlorene Stacheln wachsen beim Stachelschwein nach.

Montag - 23. Woche

Name:

Tiger sind gute Jäger,

aber nicht alle ihre Angriffe sind erfolgreich.

Nur bei einem von 10 Versuchen machen sie Beute.

Wie oft hat ein Tiger bei 40 Versuchen Erfolg?

> 20

________-mal

Dienstag - 23. Woche

Name:

Auf freier Wildbahn leben Tiger etwa 15 Jahre.

In Zoos werden sie etwa 18 Jahre alt.

Wo leben Tiger länger?

○ auf freier Wildbahn ○ in einem Zoo

Wie viel länger leben sie dort? ________ Jahre

Mittwoch - 23. Woche

Name:

Der Schwanz eines Tigers ist
halb so lang wie sein Körper.
Wenn der Schwanz 1 m misst,
wie lang ist dann der Körper?

_______ m

Donnerstag - 23. Woche

Name:

Der bengalische Tiger misst 300 cm.
Der sibirische Tiger misst 210 cm.
Der Sumatratiger misst 150 cm.

> 100

Schreib die Namen der Tiger der Reihe nach auf.
Beginne mit dem kleinsten.

____

____

____

Schreib auf, wie viel mehr als der vorige jeder Tiger misst.

__________ cm mehr

__________ cm mehr

Tipp: Zähle in Zehnerschritten.

Freitag - 23. Woche

Name:

1993 gab es weniger als 6.000 frei lebende Tiger.

Betrachte zuerst das Schaubild.

Beantworte dann die Fragen.

> 1000

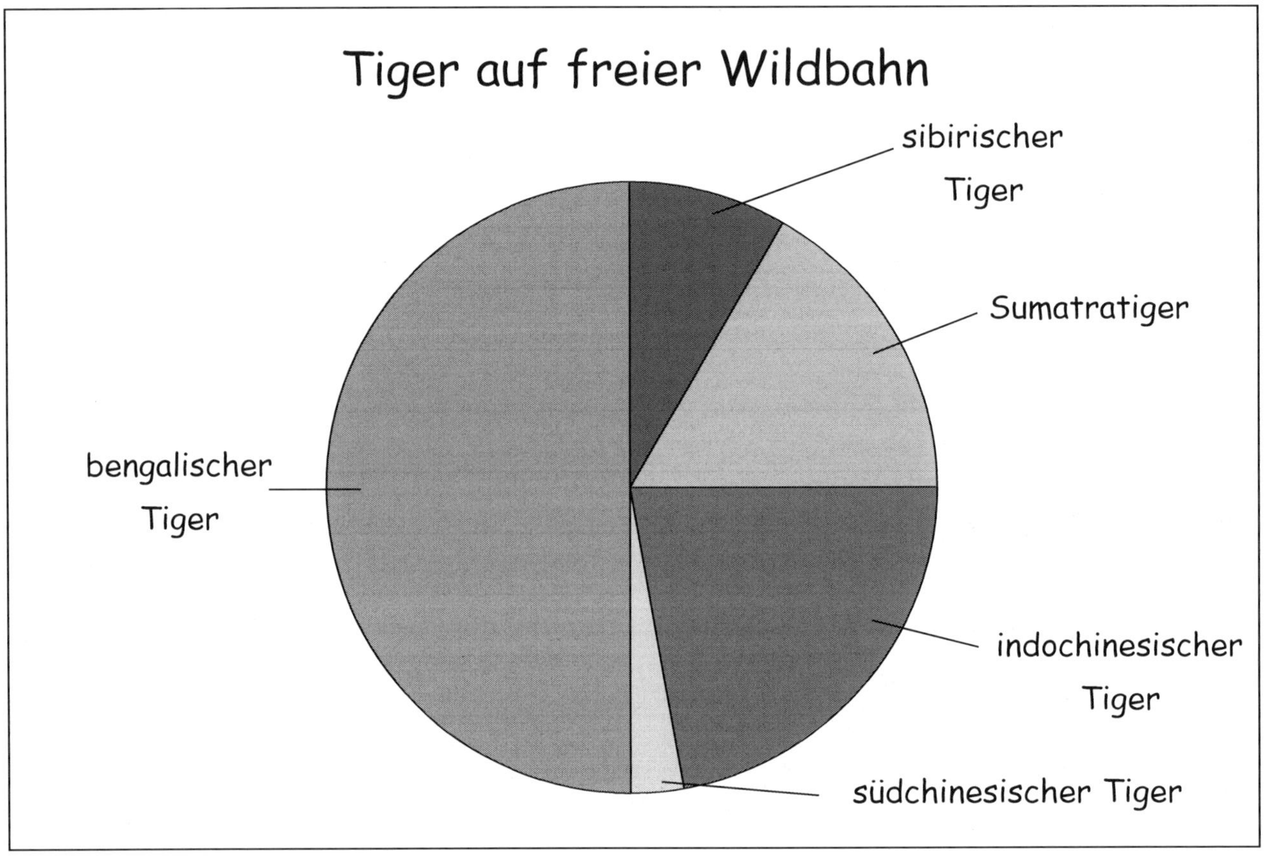

Von welcher Tigerart gibt es die meisten Tiger? ____________

Von welcher Tigerart gibt es die wenigsten Tiger? ____________

Wissenswertes über Tiger

- ⇨ Tiger werden – wie Katzen – blind und zahnlos geboren.
- ⇨ Ihre Streifen sind anfangs nur leicht farbig; sie werden mit der Zeit dunkler.
- ⇨ Die Streifen tarnen die Tiger im Licht und Schatten der Wälder.

Montag - 24. Woche

Name:

Die Ochsenfroschmutter legt 24.000 Eier ins Wasser.

> 1000

Wenn aus allen Eiern eine Kaulquappe schlüpft, wie viele werden es dann sein?

Wenn aus allen Kaulquappen Frösche werden, wie viele Frösche werden es sein?

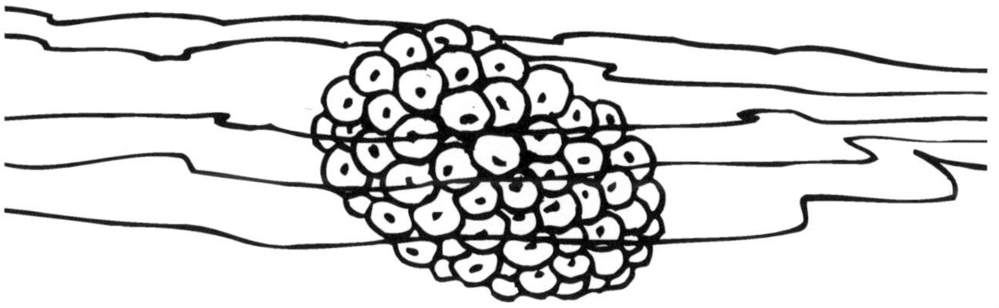

_______ Kaulquappen

_______ Frösche

Dienstag - 24. Woche

Name:

Ein Ochsenfrosch kann etwa 2 Meter weit springen.

Wie weit kommt er mit vier Sprüngen?

_______ Meter

Mittwoch - 24. Woche

Name:

Der kleinste Frosch auf der nördlichen Erdhalbkugel ist nur 1 cm lang.

> 20

Der größte ist der westafrikanische Goliathfrosch.

Dieser Goliathfrosch ist 30 cm lang.

Um wie viel ist der größte Frosch länger als der kleinste Frosch?

_______ cm länger

Donnerstag - 24. Woche

Name:

Dreizehn kleine Frösche sitzen auf einem Baumstamm.

Neun hüpfen weg.

Wie viele bleiben übrig?

_______ Frösche

Freitag - 24. Woche

Name:

Jeder Frosch frisst eine Eidechse, eine Maus und vier Käfer.
Wenn es drei Frösche sind,
wie viele der einzelnen Tiere werden dann gefressen?

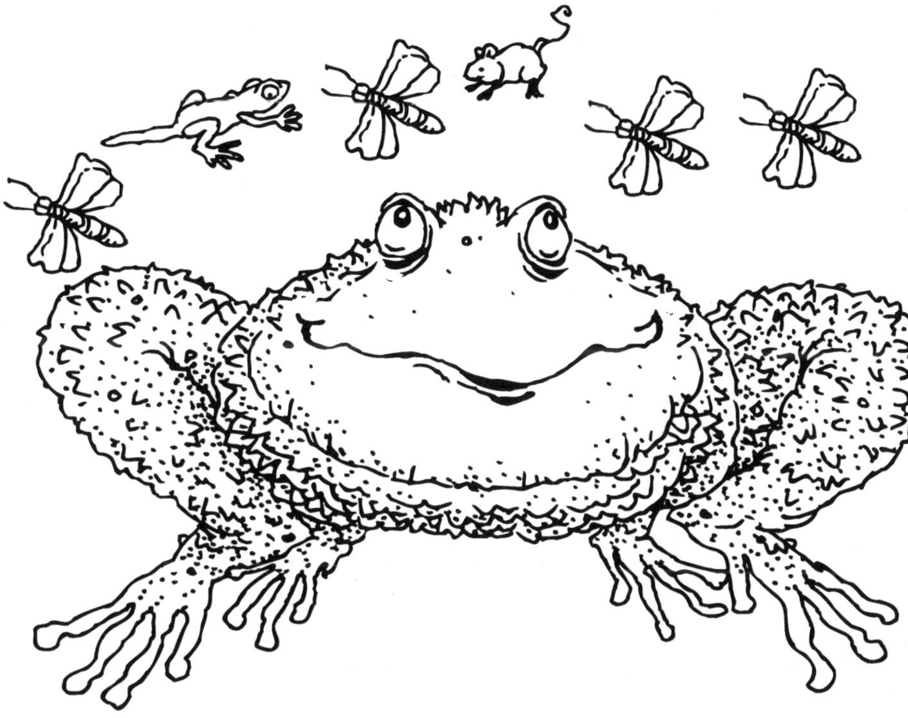

_______ Eidechsen

_______ Mäuse

_______ Käfer

Wie viele Tiere insgesamt? _______ Tiere

Wissenswertes über Frösche

- ⇨ Viele Frösche haben eine klebrige Zunge.
- ⇨ Sie lassen die Zunge herausschnellen, um damit Insekten zu fangen.
- ⇨ Dann ziehen sie das Insekt in ihr Maul und verschlucken es ganz.
- ⇨ Beim Schlucken zwinkert ein Frosch mit den Augen.
- ⇨ Seine Augäpfel helfen ihm dabei, das Futter hinunterzuwürgen.

Montag - 25. Woche

Name:

Der Tieflandgorilla braucht vier Tage, um 3 km zu wandern.

Wie lange braucht er, um 9 km zu wandern?

_______ Tage

Dienstag - 25. Woche

Name:

Junge Gorillas klettern auf Bäume,
um Obst zu suchen und
miteinander zu spielen.
In einem Baum sitzen 2 Gorillas.
Drei kommen hinzu.
Jeder Gorilla pflückt zwei Früchte.
Wie viele Früchte
pflücken alle Gorillas zusammen?

_______ Früchte

Mittwoch - 25. Woche

Name:

> 100

Ein Gorillamännchen wiegt etwa 180 kg.
Ein Gorillaweibchen wiegt etwa 90 kg.
Vergleiche die beiden Gewichtsangaben.

Wer ist schwerer? ○ das Weibchen ○ das Männchen

Wie viel schwerer ist es? _______ kg schwerer

Donnerstag - 25. Woche

Name:

> 20

Ein Gorilla frisst gern Termiten und Ameisen.
Wenn er 25 Termiten und 20 Ameisen verspeist,
wie viele Insekten frisst er dann insgesamt?

_______ Insekten

Freitag - 25. Woche

Name:

Ein Gorilla verbringt seinen Tag mit Fressen, Ruhen und Wandern.
Lies aus dem Schaubild, wie lange er in 12 Stunden für jede Tätigkeit braucht.

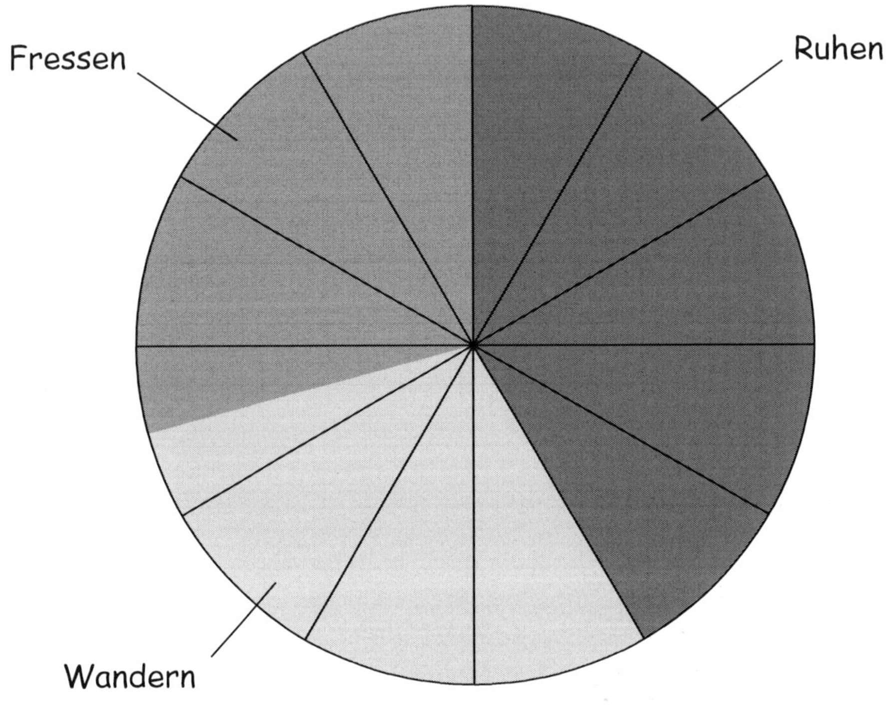

Ein Gorilla braucht ________ Stunden zum Fressen.

Ein Gorilla braucht ________ Stunden zum Wandern.

Ein Gorilla braucht ________ Stunden zum Ruhen.

Wissenswertes über Gorillas

- ⇨ Gorillamännchen sind größer als alle anderen Affen und größer als Menschen.
- ⇨ Sie können über 200 kg wiegen.
- ⇨ Gorillas sind sanfte, friedliche Lebewesen.
- ⇨ Sie ernähren sich vorwiegend von Blättern, Knospen, Beeren und Rinde.

Montag - 26. Woche

Name:

Der größte Gecko misst 36 cm.

Manche Geckos sind aber nur halb so groß.

Wie groß sind sie?

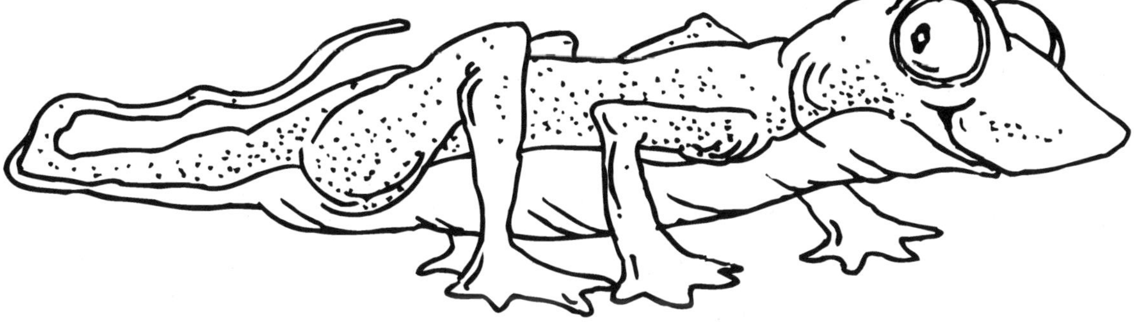

_______ cm

Dienstag - 26. Woche

Name:

Ein Gecko kriecht die Wand hoch und über die Zimmerdecke.

Dann kriecht er die andere Wand wieder hinunter.

Wie weit ist er insgesamt gekrochen?

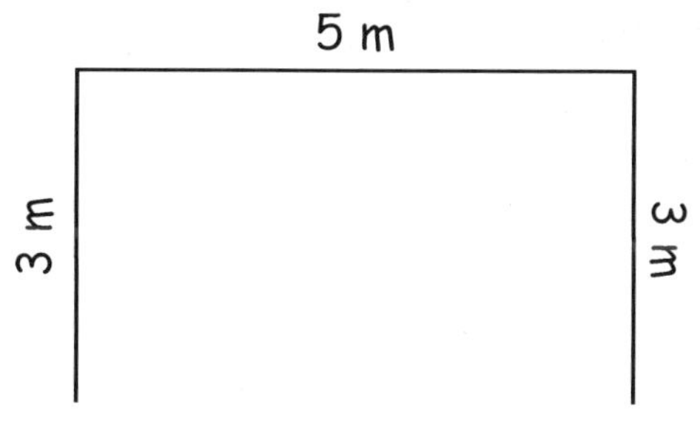

_______ m

Mittwoch - 26. Woche

Name:

Sieben Bilder hängen an der Wand.
Wenn das Licht angeschaltet wird,
verstecken sich Geckos hinter Bildern.
Hinter jedem der sieben Bilder sind zwei Geckos.
Wie viele Geckos sind insgesamt im Raum?

_______ Geckos

Donnerstag - 26. Woche

Name:

Ein junger Fettschwanzgecko wird für 30 € angeboten.
Der gestreifte erwachsene Fettschwanzgecko soll 40 € kosten.
Wie viel beträgt der Preisunterschied?

_______ €

Freitag - 26. Woche

Name:

Die Besucher zählen alle Geckos, die sie in den Zimmern sehen.
Schau dir zunächst die Strichliste an und beantworte dann die Fragen.

Schlafzimmer	𝍸 𝍸
Wohnzimmer	𝍸 𝍸 |
Küche	𝍸 ||
Esszimmer	𝍸 𝍸

In welchem Zimmer sind die meisten Echsen? ____________________

In welchem Zimmer sind die wenigsten Echsen? ____________________

In welchen zwei Zimmer sind zusammengezählt 20 Echsen?

____

Wissenswertes über Geckos

- ⇨ Geckos zählen zu den Echsen.
- ⇨ In Asien gibt es sie häufig in Häusern.
- ⇨ Geckos haben eine lange Zunge.
- ⇨ Geckos reinigen ihr Gesicht und ihre Augäpfel durch sorgfältiges Abschlecken.

Montag - 27. Woche

Name:

Der Zaun ist 390 cm hoch.

Die Giraffe misst 490 cm.

Wie viel größer ist die Giraffe?

_______ cm größer

Dienstag - 27. Woche

Name:

Eine neugeborene Giraffe ist 2 m groß.

Wenn ihr Vater 3-mal so groß ist, wie viel misst er dann?

_______ m

Mittwoch - 27. Woche

Name:

Ein Giraffenmännchen wiegt etwa 1.400 kg.

Ein Auto wiegt etwa 1.000 kg.

Wie viel mehr wiegt eine Giraffe?

> 1000

_______ kg mehr

Donnerstag - 27. Woche

Name:

Der Giraffenherde gehören 100 Giraffen an.

Wenn 20 Giraffen zum Trinken stehen bleiben,

wie viele Giraffen sind dann noch übrig?

> 20

_______ Giraffen

Freitag – 27. Woche

Name:

Wähle die zutreffendste Antwort aus.
Welche Giraffe hat Hörner, gerade Wimpern, Flecken und Nase und Augen von der gleichen Farbe?

○ die erste Giraffe ○ die zweite Giraffe

○ die dritte Giraffe ○ die vierte Giraffe

Wissenswertes über Giraffen

- ⇨ Eine Giraffenzunge ist etwa 45 cm lang.
- ⇨ Mit ihrer Hilfe streift eine Giraffe Blätter von den dornigen Akazien.
- ⇨ Eine Giraffe frisst die frischen Blätter und Knospen im Baumwipfel am liebsten.

Montag - 28. Woche

Name:

Ein Ameisenbär kann in 10 Minuten 200 g Ameisen fressen.
Wie viel Gramm Ameisen könnte er in 20 Minuten fressen?

> 100

_______ g

Dienstag - 28. Woche

Name:

Die Zunge eines Ameisenbären ist mindestens 38 cm lang.
Wenn deine Zunge 8 cm lang ist,
wie viel länger ist dann die Zunge eines Ameisenbären?

> 20

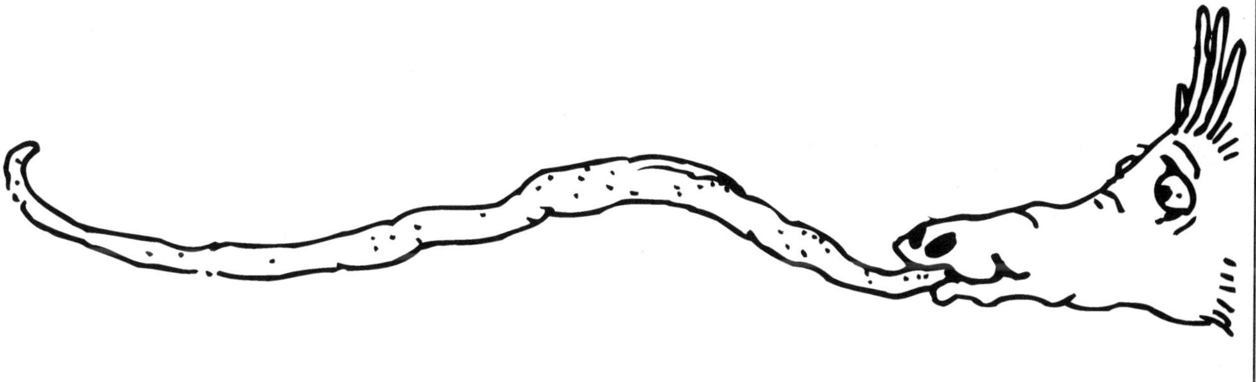

_______ cm länger

Mittwoch - 28. Woche

Name:

Ein Ameisenbär legt seine klebrige Zunge über einen Ameisenhügel.

Zwei Trupps von jeweils acht Ameisen klettern darauf.

Wie viele Ameisen fängt der Ameisenbär?

_______ Ameisen

Donnerstag - 28. Woche

Name:

Die Stacheln eines Ameisenbären sind etwa 5 cm lang.

Die Stacheln eines Stachelschweins sind ungefähr 13 cm lang.

Wie viel länger sind die Stacheln des Stachelschweins?

_______ cm länger

Freitag - 28. Woche

Name:

Ameisenbären lieben kühle Temperaturen.
Sie sind unternehmungslustig, wenn die Temperatur zwischen 15° und 20° C liegt.

> 20

Wähle die Tage aus, an denen du einen Ameisenbären in Bewegung sehen könntest.

- O Montag: 16° Celsius
- O Dienstag: 24° Celsius
- O Mittwoch: 27° Celsius
- O Donnerstag: 21° Celsius
- O Freitag: 18° Celsius

Wissenswertes über Ameisenbären

⇨ Ameisenbären sind gut im Graben.
⇨ Wenn sich ihnen ein Feind nähert, graben sie sich sehr schnell senkrecht in die Erde.
⇨ Innerhalb von Sekunden sieht man von ihnen nur noch ein kleines Stachelbündel.

Montag - 29. Woche

Name:

Die Safariteilnehmer sehen 7 schwarze und 9 weiße Nashörner.

Wie viele Nashörner sehen sie insgesamt?

_______ Nashörner

Dienstag - 29. Woche

Name:

Ein schwarzes Nashorn wiegt etwa 900 kg.

Ein weißes Nashorn wiegt etwa 1.800 kg.

> 1000

Welches Nashorn wiegt mehr? ____________________

Wie viel mehr wiegt es? _______ kg

Mittwoch - 29. Woche

Name:

Heutzutage gibt es weniger als 2.550 Nashörner.

> 1000

Schreib hier drei Zahlen auf, die größer sind als 2.550:

__________ __________ __________

Schreib hier drei Zahlen auf, die kleiner sind als 2.550:

__________ __________ __________

Donnerstag - 29. Woche

Name:

Das schwarze Nashorn misst $3\frac{1}{2}$ m.

Das weiße Nashorn misst fast 4 m.

Wie viel größer ist das weiße Nashorn?

________ m größer

Freitag - 29. Woche

Name:

Weiße Nashörner halten sich gern in Gruppen auf.
In jeder Gruppe gibt es mindestens ein erwachsenes Tier und ein Jungtier.
Finde heraus, wie viele verschiedene Zusammenstellungen von Erwachsenen und Jungtieren es in einer Gruppe von sieben Nashörnern geben kann.

 erwachsene Tiere	 Jungtiere

Wissenswertes über Nashörner

- ⇨ Nashörner gehören zu den größten lebenden Weidetieren.
- ⇨ Das schwarze Nashorn hat eine spitze und bewegliche Oberlippe.
- ⇨ Mit dieser Oberlippe kann es immer gleich einen Mundvoll Blätter, Knospen und Schösslinge aufsammeln.
- ⇨ Das weiße Nashorn hat eine breite, vierkantige Lippe.
- ⇨ Es frisst das Gras in breiten Bahnen ab.

Montag - 30. Woche

Name:

Wenn die Zähne eines Alligators abgestumpft sind, wachsen ihm neue nach.

Ein Alligator hat immer etwa 80 Zähne in seinem Rachen.

Wie viele Zehner stecken in 80?

> 20

_______ Zehner

Dienstag - 30. Woche

Name:

Ein Alligator in freier Wildbahn lebt ungefähr 30 Jahre.

Im Zoo lebt ein Alligator etwas 50 Jahre.

Wie viel länger lebt ein Alligator im Zoo?

> 20

_______ Jahre länger

Mittwoch - 30. Woche

Name:

Ein erwachsenes Alligatormännchen wiegt gut 200 kg.

Ein Giraffenmännchen wiegt etwa 1.400 kg.

Ein weißes Nashorn wiegt etwa 1.800 kg.

> 1000

Wie viele Alligatoren wiegen so viel wie eine Giraffe? ________

Wie viele Alligatoren wiegen so viel wie ein weißes Nashorn? ________

Donnerstag - 30. Woche

Name:

Sechs Alligatoren liegen am Rand des Sumpfes.

Fünf legen sich dazu.

Wie viele Alligatoren sind es jetzt insgesamt?

Wenn drei Alligatoren wegschwimmen,

wie viele bleiben dann noch übrig?

________ Alligatoren insgesamt

________ Alligatoren bleiben

Freitag - 30. Woche

Name:

Ein erwachsener amerikanischer Alligator ist einfarbig dunkel.
Die Jungtiere sind schwarz mit leuchtendgelben Flecken und Streifen.
In der ersten Spalte sind die Alligatoren nach einem bestimmten Muster aufgereiht: E steht für erwachsenes Tier, J steht für Jungtier.
Beschrifte die Spalte fertig, dann denk für jede der folgenden drei Spalten ein anderes Muster aus und beschrifte sie entsprechend.

J
E
J
E

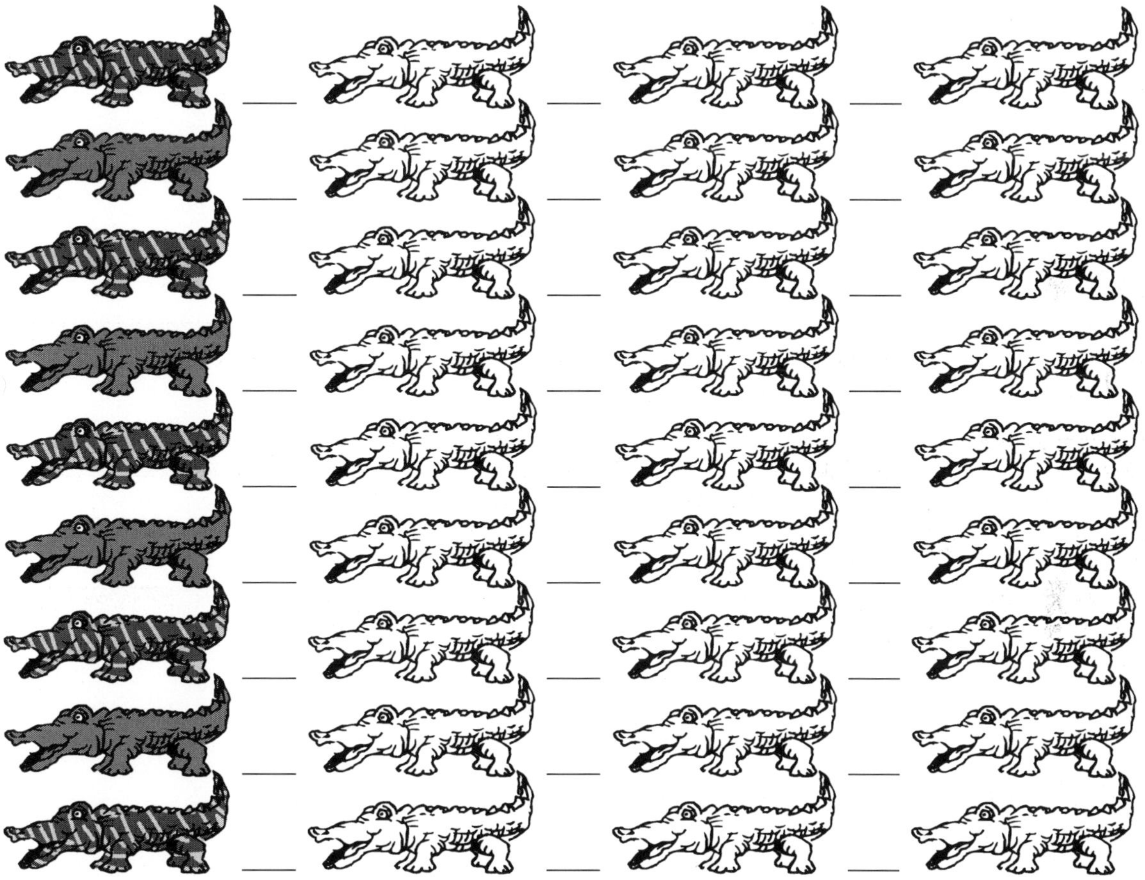

Wissenswertes über Alligatoren

- ⇨ Alligatoren machen mit ihren großen schweren Schwänzen Löcher in den Boden.
- ⇨ In diesen Löchern steht auch in regenarmen Zeiten noch Wasser.
- ⇨ Wasservögel finden in den Löchern Wasser und Nahrung.
- ⇨ Die Alligatoren ihrerseits können sich von den Vögeln ernähren, die zu den Löchern kommen.

Montag - 31. Woche

Name:

Ein Erdmännchen hält
mit seinem Schwanz das Gleichgewicht,
wenn es aufrecht steht.
Es ist etwa 30 cm groß,
sein Schwanz misst 20 cm.
Vergleiche Körpergröße
und Schwanzlänge des Erdmännchens.

> 20

Was ist länger? ○ der Körper ○ der Schwanz

Wie viel länger ist er? ________ cm

Dienstag - 31. Woche

Name:

Das Erdmännchen frisst:
- drei Skorpione,
- sechs Käfer,
- sieben Grillen,
- vier Eier und
- zwölf Wurzeln.

> 20

Wie viele Sachen frisst das Erdmännchen insgesamt?

________ Sachen

Mittwoch - 31. Woche

Name:

Ein Erdmännchenweibchen wirft jedes Jahr fünf Junge.

> 20

Wie viele Junge wirft es in sieben Jahren?

_______ Junge

Donnerstag - 31. Woche

Name:

Ein Erdmännchen hat an jeder Pfote vier Zehen.

Wie viele Zehen hat es insgesamt?

_______ Zehen

Freitag - 31. Woche

Name:

Erdmännchen leben in Gruppen zusammen,
die man auch Sippen nennt.
Ein Naturforscher zählt die Mitglieder
von fünf Erdmännchensippen.
Wie viele Erdmännchen zählt er insgesamt?

> 100

________ Erdmännchen

Wissenswertes über Erdmännchen

- ⇨ Erdmännchen sehen und hören sehr gut.
- ⇨ Sie setzen sich oft auf die Hinterbeine, um sich nach Futter umzusehen.
- ⇨ So halten sie auch Ausschau nach Anzeichen von Gefahr.

Montag - 32. Woche

Name:

> 20

Bei ihrer Geburt haben Igelbabys
ihre Stacheln unter der Haut.
Die Stacheln erscheinen nach etwa 24 Stunden.
Ein Igel wird am Dienstag um 8 Uhr geboren.
Wann erscheinen seine Stacheln?

Am ______________ um _______ Uhr ____________

Dienstag - 32. Woche

Name:

> 100

Ein Igel verliert während des Winterschlafs
ein Drittel seines Gewichts.
Zu Beginn seines Winterschlafs wiegt der Igel 600 g.
Wie viel wird er nach dem Winterschlaf wiegen?

100 g 100 g 100 g 100 g 100 g 100 g

_______ g

Mittwoch - 32. Woche

Name:

Ein neugeborener Igel wiegt etwa 10 g.

Ein erwachsener Igel wiegt 500 g.

Wie viel Gramm nimmt der Igel nach der Geburt zu?

> 100

________ g

Donnerstag - 32. Woche

Name:

Das Zoogeschäft verkauft Igelfutter

im 5-Pfund-Beutel für 10,00 €.

5 Pfund Futter sollten etwa 2 Monate reichen.

Wie viel kostet dann Igelfutter für 10 Monate.

> 20

________ €

Freitag - 32. Woche

Name:

Betrachte das Schaubild.

Es zeigt die Größe verschiedener Tiere in cm.

Beantworte dann die Fragen. Gib die Größe jedes Tieres an.

> 20

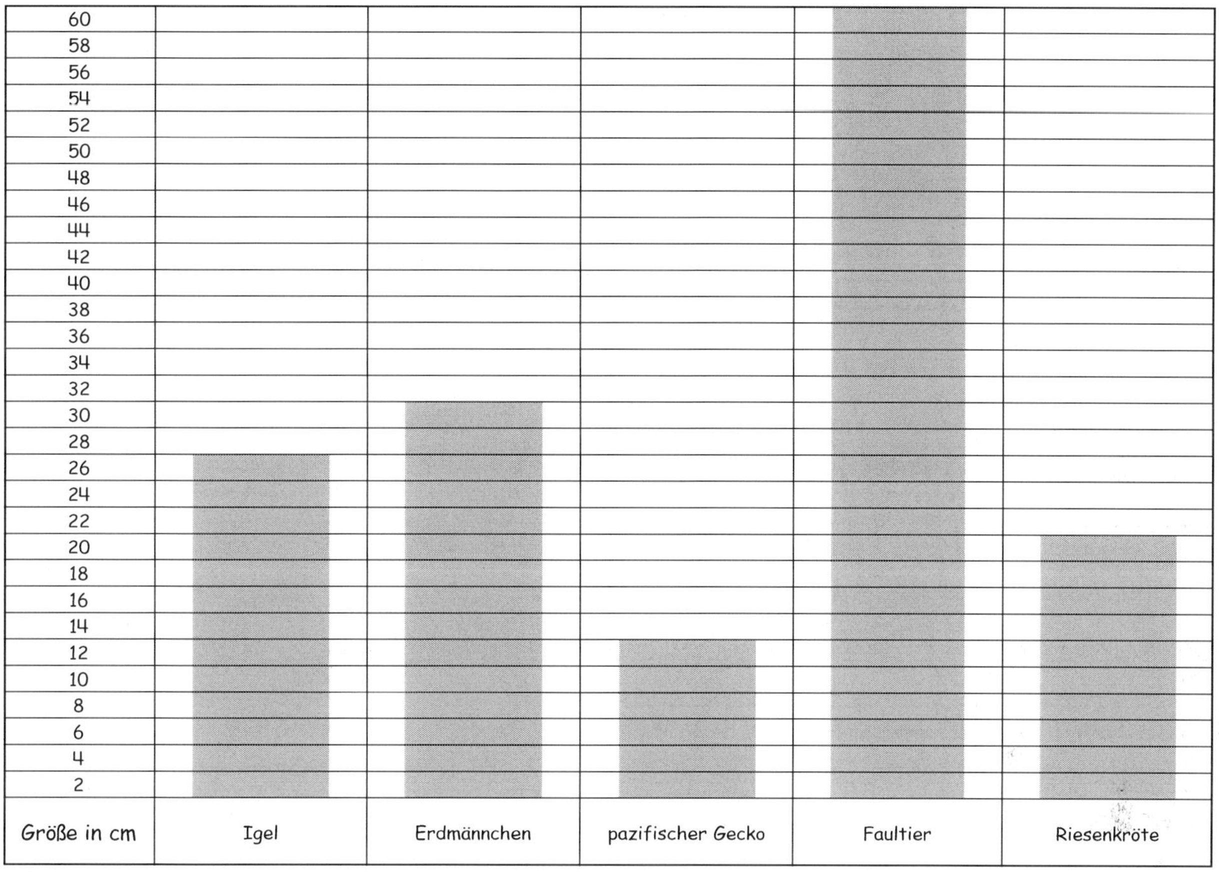

Welches ist das größte Tier? ______________________

Welches das kleinste? ______________________

Wissenswertes über Igel

- ⇨ Ein Igel hat kleine Augen und eine spitze Nase.
- ⇨ Er trägt Stacheln auf dem Rücken;
  seine Bauchseite ist weich.
- ⇨ Wenn er sich bedroht fühlt, rollt er sich zu einem Ball zusammen.
- ⇨ Dabei stehen seine Stacheln dann in alle Richtungen ab.

Montag - 33. Woche

Name:

Leguane haben an jedem Fuß
fünf frei bewegliche Zehen mit scharfen Krallen.
Wie viele Krallen hat ein Leguan insgesamt?

_______ Krallen

Dienstag - 33. Woche

Name:

Eine Leguanmutter gräbt zuerst ein Erdloch
und legt dann ungefähr 50 Eier hinein.
Nach dem Schlüpfen wachsen kleine Leguane ohne ihre Mutter auf.
Nur etwa 10 Jungtiere überleben bis ins Erwachsenenalter.
Wie viele Jungtiere überleben nicht?

> 20

_______ Jungtiere

Mittwoch - 33. Woche

Name:

Ein erwachsener Leguan misst etwa 180 cm.
Ein junger Leguan misst etwa 30 cm.
Wie viel muss er noch wachsen,
bis er ausgewachsen ist?

> 100

_______ cm

Donnerstag - 33. Woche

Name:

Leguanbabys schlüpfen nach 10 Wochen Brutzeit
aus den Eiern.
Wie viele Tage sind das?

> 20

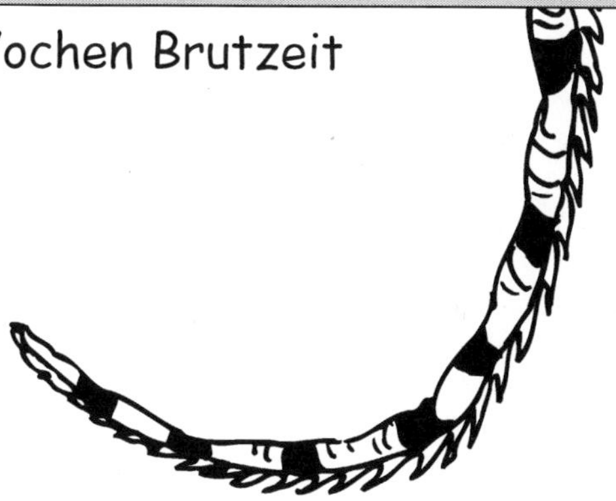

MONTAG DIENSTAG MITTWOCH DONNERSTAG FREITAG SAMSTAG SONNTAG

_______ Tage

Freitag – 33. Woche

Name:

Der Schwanz eines Leguans macht oft
die Hälfte seiner Körperlänge aus.
Wenn ein riesiger Leguan insgesamt 2 m misst,
wie lang ist dann sein Schwanz? ________ m

Wissenswertes über Leguane

- ⇨ Leguane gehören zu den Echsen. Sie sind Baumbewohner, können aber auch gut schwimmen.
- ⇨ Sie haben scharfe Zähne und Krallen.
- ⇨ Wenn sie angegriffen werden, verteidigen sie sich heftig.
- ⇨ Hauptsächlich fressen sie Pflanzen.

Montag - 34. Woche

Name:

Die Hörner von Schneegämsen sind zwischen 15 und 25 cm lang.
Welche der unten angegebenen Längen passen zu diesen Maßen?

> 20

- ○ 16 cm
- ○ 20 cm
- ○ 24 cm
- ○ 28 cm

Dienstag - 34. Woche

Name:

Ein Schneegämsentrupp besteht aus drei Muttertieren und vier Jungtieren.
Ein anderer Trupp besteht aus drei Muttertieren und drei Jungtieren.
Wie viele Ziegen gehören insgesamt zu beiden Trupps?

_______ Ziegen

Mittwoch - 34. Woche

Name:

> 100

Eine erwachsene Schneegämse
hat etwa 102 cm Schulterhöhe.
100 cm sind 1 m.
Gib die Größe einer Schneegämse
in Metern und Zentimeter an.

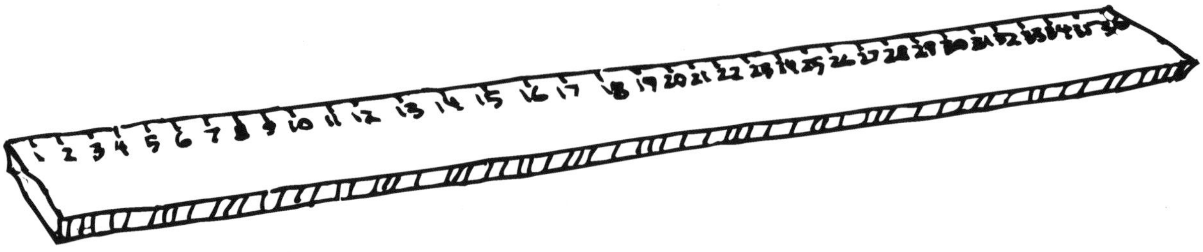

_______ m _______ cm

Donnerstag - 34. Woche

Name:

> 100

Eine Schneegämse wiegt etwa 110 kg.
Ein Rotluchs wiegt um die 11 kg.
Wie viel mal schwerer ist die Schneegämse?

_______-mal schwerer

Freitag - 34. Woche

Name:

Die Schneegämse kommt mit einem einzigen Sprung über 3 m hoch.
Welchen Berg kann sie erklettern? ○ A ○ B ○ C

Wie viele Meter hoch springt die Schneegämse insgesamt bis zum Gipfel?

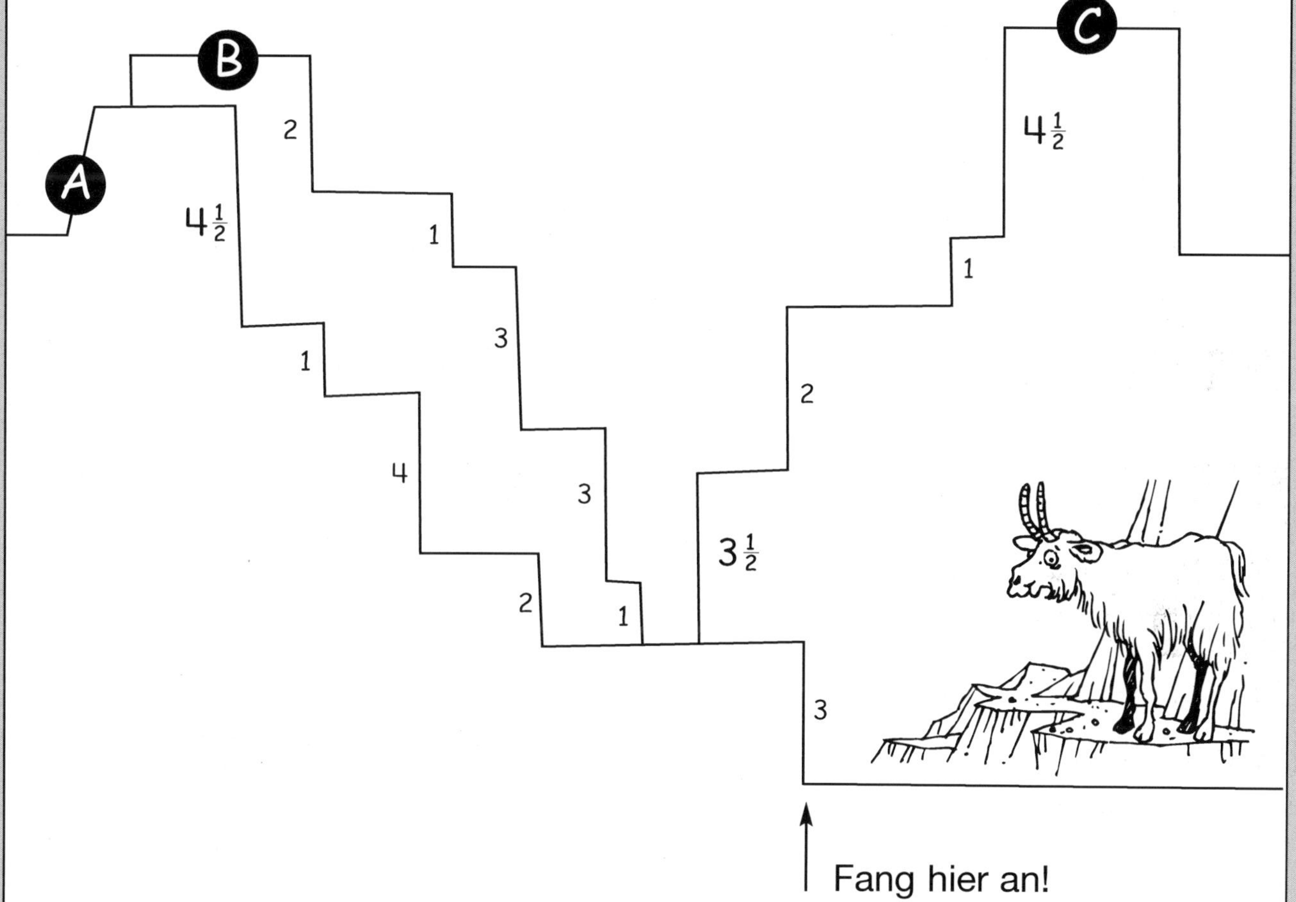

Wissenswertes über Schneegämsen

- ⇨ Schneegämsen haben ein langhaariges, dichtes Fell.
- ⇨ Das dicke Unterfell hält sie warm.
- ⇨ Schneegämsen springen und klettern an den Bergseiten von Fels zu Fels.

Montag - 35. Woche

Name:

Ein erwachsenes Flusspferd hat Eckzähne,
die wie Stoßzähne aussehen.
Jeder Eckzahn ist etwa 70 cm lang.
Die Zähne des Menschen (mit den Wurzeln) sind 2 cm lang.
Um wie viel ist ein Flusspferdzahn länger?

> 20

_______ cm länger

Dienstag - 35. Woche

Name:

Ein Flusspferd kann bis zu 25 Minuten lang
unter Wasser bleiben.
Es taucht um 10 Uhr unter.

> 20

Zu welcher Uhrzeit taucht es wieder auf?

5 Minuten Tauchzeit? Um __________ Uhr

10 Minuten Tauchzeit? Um __________ Uhr

20 Minuten Tauchzeit? Um __________ Uhr

25 Minuten Tauchzeit? Um __________ Uhr

Mittwoch - 35. Woche

Name:

> 20

Ein Flusspferd verbringt den größten Teil des Tages im Wasser.

Nur seine Augen, Ohren und Nasenlöcher ragen aus dem Wasser heraus.

Auf Futtersuche schwimmt es am Tag bis zu 30 km weit.

Wie weit könnte ein Flusspferd in drei Tagen schwimmen?

_______ km

Donnerstag - 35. Woche

Name:

Der Eckzahn eines Flusspferdes wiegt um die 3 kg.

Wie viel wiegen vier solcher Eckzähne?

_______ kg

Freitag - 35. Woche

Name:

Ein Flusspferdtrupp besteht aus bis zu 15 Kälbern, Kühen und Bullen. Schreib hier sechs Möglichkeiten auf, wie drei Zahlen zusammen 15 ergeben.
Ein Beispiel ist für dich schon vorgerechnet.

4 + 9 + 2 = 15

______

______

______

______

______

Wissenswertes über Flusspferde

⇨ Die gewaltigen Flusspferde können gut schwimmen und tauchen.
⇨ Sie haben kräftige Beine und Schwimmhäute zwischen den Zehen.
⇨ Sie ernähren sich von Pflanzen, die am Ufer wachsen.

Montag - 36. Woche

Name:

Alle Straußenweibchen einer Familie legen ihre Eier in dasselbe Nest.
In einem Straußennest liegen 15 Eier.
Wenn schon 4 Eier ausgebrütet sind,
wie viele Eier bleiben dann im Nest?

_______ Eier

Dienstag - 36. Woche

Name:

Ein Strauß kann nicht fliegen.
Er läuft mit seinen langen Beinen durchs Gras.
Er ist bis zu 70 km in der Stunde schnell.
Autos dürfen in der Nähe von Schulen nur 30 km in der Stunde fahren.
Wie viel schneller ist ein Strauß als die Autos?

_______ km/h schneller

Mittwoch - 36. Woche

Name:

Drei Straußenhennen und fünf Straußenküken gehen spazieren.
Wie viele Beine haben alle Strauße zusammen?

________ Beine

Donnerstag - 36. Woche

Name:

Ein Straußenei wiegt 1.400 g.
Fünf Kiwivogeleier wiegen 2.500 g.

> 1000

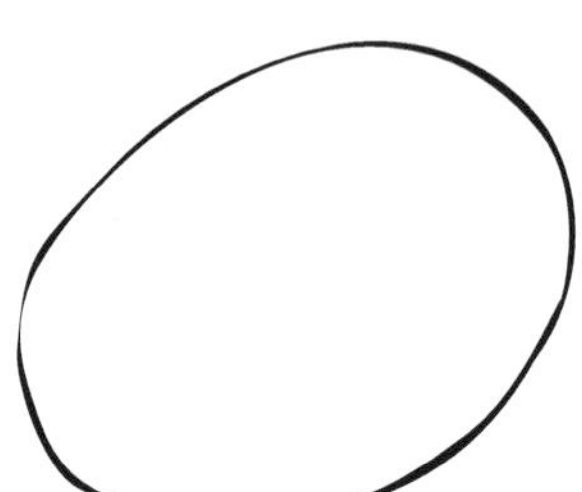

= 1.400 g

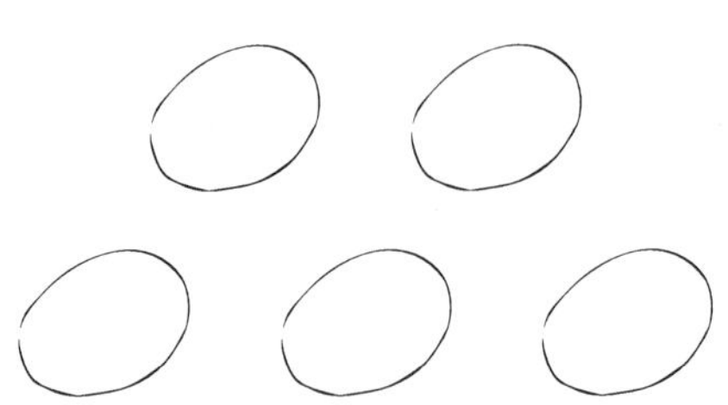

= 2.500 g

Welches Ei ist schwerer? ○ das Kiwivogelei ○ das Straußenei

Wie viel schwerer ist es? ________ g schwerer

Freitag – 36. Woche

Name:

Die Naturforscherin zählt die Strauße im Reservat.
Hier ist ihre Strichliste.

> 100

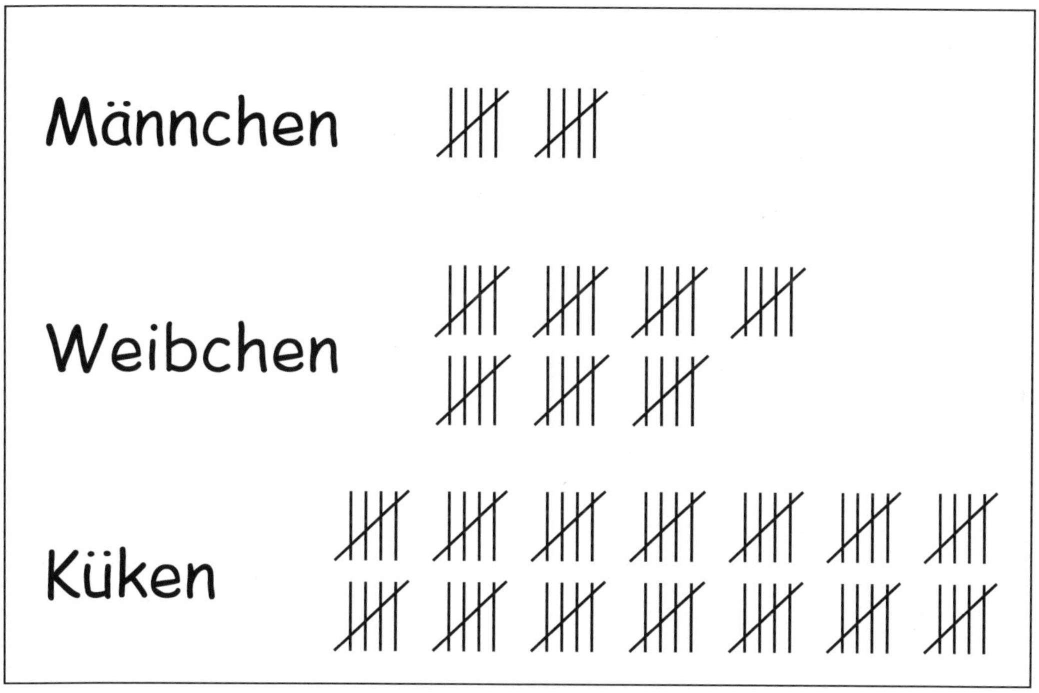

Gesamt: ______

Gesamt: ______

Gesamt: ______

Zähl die Striche für jede Gruppe zusammen.
Wie viele Strauße sind es insgesamt?

______ Strauße

Wissenswertes über Strauße

- ⇨ Ein Straußenküken hat kräftige Beine, um bei Gefahr schnell wegrennen zu können.
- ⇨ Wenn das Küken müde vom Laufen ist, kauert es sich auf dem Boden zusammen.
- ⇨ Seine stachelig wirkenden Federn helfen ihm, sich zwischen Pflanzen zu verstecken.

Lösungen

1. Woche
Montag – 3 Seehunde
Dienstag – 4 Fische
Mittwoch – ein Seehundbaby
Donnerstag – 8 Seehunde
Freitag – 5 Erwachsene / 3 Jungtiere / mehr Erwachsene

2. Woche
Montag – 3 Delfine
Dienstag – der Dögling
Mittwoch – 9 Fische
Donnerstag – 4 Delfine
Freitag – Sarah / Bella / 2 Jahre älter

3. Woche
Montag – 2 Weibchen
Dienstag – 40 Maiskolben
Mittwoch – 8 helle Ringe / 15 Ringe
Donnerstag – 5 Waschbären
Freitag – 15 Fische / Montag

4. Woche
Montag – Ja / 3 €
Dienstag – 6 Meerschweinchen
Mittwoch – 15 Runden
Donnerstag – 4 Füße / 6 Schnurrhaare / 2 Ohren / 2 Augen / 1 Nase
Freitag – 1. Haltung aufrecht, kauernd, aufrecht, kauernd /
2. Nase schwarz, schwarz, weiß, schwarz /
3. mit Streifen, ohne, mit, ohne /
4. Auge geschlossen, offen, geschlossen, offen

5. Woche
Montag – 8 Zebras
Dienstag – das Männchen
Mittwoch – 20 km
Donnerstag – 12 Zebras
Freitag – das Zebra in der Mitte

6. Woche
Montag – 1 Kätzchen
Dienstag – 7 Dosen
Mittwoch – 5 Kätzchen
Donnerstag – 18 Krallen
Freitag – 16 Kätzchen / in der 4. Woche

7. Woche
Montag – 8 Stücke
Dienstag – 14 Mäuse
Mittwoch – 7 Mäuse
Donnerstag – 8 Ohren / 4 Schwänze / 16 Beine
Freitag – 50 Junge in einem Jahr / 100 Junge in zwei Jahren

8. Woche
Montag – 10 Nüsse und Samen
Dienstag – 8 Münzen
Mittwoch – 6 Eichhörnchen
Donnerstag – 6-mal
Freitag – 15 cm / 15 cm / 20 cm

9. Woche
Montag – 9 Ferkel
Dienstag – 80 cm größer
Mittwoch – 230 kg weniger
Donnerstag – 12 Hauer
Freitag – 15 Wildschweine

10. Woche
Montag – 200 kg
Dienstag – 4 Lamas
Mittwoch – 16 Säcke Mais
Donnerstag – 10 Lamas
Freitag – 15 Ballen Heu

11. Woche
Montag – 10 Jahre länger
Dienstag – 17 Schimpansen
Mittwoch – 8 Termiten
Donnerstag – 140 kg
Freitag – 150 cm mehr

12. Woche
Montag – 6 Eisbären
Dienstag – das Männchen / 150 kg
Mittwoch – 40 Krallen
Donnerstag – die Breite der Tatze / die Breite der Tatze / die Länge von 3 Schwänzen
Freitag – 10 Zähne mehr

13. Woche
Montag – Der amerikanische Alligator misst $3\frac{1}{2}$ m mehr als der chinesische.
Dienstag – 80 Eier
Mittwoch – 10 Alligatoren
Donnerstag – 2 m / 5 m
Freitag – 10-mal

14. Woche
Montag – 4 Koalas auf dem 1. Baum /
2 Koalas auf dem 2. Baum /
6 Koalas
Dienstag – 12 Lebensjahre
Mittwoch – 10 Stunden
Donnerstag – 50 Blätter
Freitag – Weibchen / 1 mehr / Männchen / 1 mehr / 12 Koalas

15. Woche
Montag – $2\frac{1}{2}$ m größer
Dienstag – 3.000 kg mehr
Mittwoch – 17 Elefanten in der 1. Herde /
15 Elefanten in der 2. Herde
Donnerstag – ja / nein
Freitag – Nr. 1, 2, 4, 5 bekommen einen Kreis, Nr. 3 nicht

16. Woche
Montag – 230, 210, 200, 180, 170
Dienstag – 10 Liter
Mittwoch – November / Januar
Donnerstag – 14 Höcker
Freitag – 4 Blätter / 6 Blätter / 2 Blätter / 8 Blätter

17. Woche
Montag – 6 Füchse
Dienstag – 50 cm
Mittwoch – 14 Mäuse
Donnerstag – 3 kg
Freitag – von links im Uhrzeigersinn: Fiona, Frank, Felix, Flo

18. Woche
Montag – 40 Minuten warten
Dienstag – 7 Eimer / 14 Eimer / 21 Eimer
Mittwoch – 13 Kühe
Donnerstag – 20 Kälber / 40 Rinder
Freitag – 32 Zähne

19. Woche
Montag – 16 Krallen
Dienstag – 10 Krallen
Mittwoch – 30 Stunden / 45 Stunden
Donnerstag – 12 Insekten
Freitag – Elefant, Kuh, Alligator, Faultier, Maus

20. Woche
Montag – 19 Walrosse
Dienstag – 7 Venusmuscheln
Mittwoch – 100 Barthaare
Donnerstag – ja / ja / ja / verschiedene Antworten möglich
Freitag –

erwachsene Tiere	Jungtiere
0	10
1	9
2	8
3	7
4	6
5	5
6	4
7	3
8	2
9	1
10	0

21. Woche
Montag – 10 kg mehr
Dienstag – 5 km
Mittwoch – 11 Lebewesen
Donnerstag – 25 Grad kühler
Freitag – 5 kg Futter fressen

22. Woche
Montag – das gewöhnliche Stachelschwein / 15 cm länger
Dienstag – 8 Nagezähne
Mittwoch – 14 Blätter
Donnerstag – 10 kg mehr
Freitag – 29.000 Stacheln

23. Woche
Montag – 4-mal
Dienstag – in einem Zoo / 3 Jahre
Mittwoch – 2 m
Donnerstag – Sumatratiger, sibirischer Tiger, bengalischer Tiger / 60 cm mehr / 90 cm mehr
Freitag – bengalischer Tiger / südchinesischer Tiger

24. Woche
Montag – 24.000 Kaulquappen / 24.000 Frösche
Dienstag – 8 m
Mittwoch – 29 cm länger
Donnerstag – 4 Frösche
Freitag – 3 Eidechsen / 3 Mäuse / 12 Käfer / 18 Tiere

25. Woche
Montag – 12 Tage
Dienstag – 10 Früchte
Mittwoch – das Männchen / 90 kg schwerer
Donnerstag – 45 Insekten
Freitag – $3\frac{1}{2}$ Stunden zum Fressen / $3\frac{1}{2}$ Stunden zum Wandern / 5 Stunden zum Ruhen

26. Woche
Montag – 18 cm
Dienstag – 11 m
Mittwoch – 14 Geckos
Donnerstag – 10,00 €
Freitag – Wohnzimmer / Küche / Schlafzimmer und Esszimmer

27. Woche
Montag – 100 cm größer (bzw. 1 Meter)
Dienstag – 6 m
Mittwoch – 400 kg mehr
Donnerstag – 80 Giraffen
Freitag – die dritte Giraffe

28. Woche
Montag – 400 g Ameisen
Dienstag – 30 cm länger
Mittwoch – 16 Ameisen
Donnerstag – 8 cm länger
Freitag – Montag und Freitag

29. Woche
Montag – 16 Nashörner
Dienstag – das weiße Nashorn / 900 kg mehr
Mittwoch – verschiedene Antworten möglich
Donnerstag – $\frac{1}{2}$ m mehr
Freitag –

erwachsene Tiere	Jungtiere
1	6
2	5
3	4
4	3
5	2
6	1

30. Woche
Montag – 8 Zehner
Dienstag – 20 Jahre länger
Mittwoch – 7 / 9
Donnerstag – 11 Alligatoren insgesamt / 8 Alligatoren bleiben
Freitag – verschiedene Muster möglich

31. Woche
Montag – der Körper / 10 cm
Dienstag – 32 Sachen
Mittwoch – 35 Junge
Donnerstag – 16 Zehen
Freitag – 135 Erdmännchen

32. Woche
Montag – am Mittwoch um 8 Uhr abends
Dienstag – 400 g
Mittwoch – 490 g
Donnerstag – 50, 00 €
Freitag – Faultier / pazifischer Gecko

33. Woche
Montag – 20 Krallen
Dienstag – 40 Jungtiere
Mittwoch – 150 cm
Donnerstag – 70 Tage
Freitag – 1 m

34. Woche
Montag – 16 cm, 20 cm, 24 cm
Dienstag – 13 Ziegen
Mittwoch – 1 m 2 cm
Donnerstag – 10-mal schwerer
Freitag – B / 13 m

35. Woche
Montag – 68 cm länger
Dienstag – 10.05 Uhr / 10.10 Uhr / 10.20 Uhr / 10.25 Uhr
Mittwoch – 90 km
Donnerstag – 12 kg
Freitag – verschiedene Kombinationen möglich

36. Woche
Montag – 11 Eier
Dienstag – 40 km/h schneller
Mittwoch – 16 Beine
Donnerstag – das Straußenei / 900 g schwerer
Freitag – 15 Männchen / 35 Weibchen / 70 Küken / 120 Strauße